全国普通高等中医药院校药学类专业第三轮规划教材

U0160594

无机化学实验（第3版）

（供药学、中药学、制药工程等专业用）

主　编　吴培云　杨怀霞

副主编　杨爱红　邹淑君　刘艳菊　王　宽　张红艳　黄宏妙

编　者　（以姓氏笔画为序）

马乐乐（河南中医药大学）	马鸿雁（成都中医药大学）
王　宽（哈尔滨医科大学）	王　堃（山西中医药大学）
方德宇（辽宁中医药大学）	刘艳菊（河南中医药大学）
关　君（北京中医药大学）	许文慧（江西中医药大学）
杨　婕（江西中医药大学）	杨怀霞（河南中医药大学）
杨爱红（天津中医药大学）	李亚楠（贵州中医药大学）
李德慧（长春中医药大学）	吴巧凤（浙江中医药大学）
吴爱芝（广州中医药大学）	吴培云（安徽中医药大学）
邹淑君（黑龙江中医药大学）	张　璐（北京中医药大学）
张凤玲（浙江中医药大学）	张红艳（福建中医药大学）
张晓青（湖南中医药大学）	张爱平（山西医科大学）
张浩波（甘肃中医药大学）	陈志琼（重庆医科大学）
武世奎（内蒙古医科大学）	罗维芳（陕西中医药大学）
於　祥（贵州中医药大学）	郑婷婷（山东中医药大学）
郝　靓（中国医科大学）	胡　筱（福建中医药大学）
姚　军（新疆医科大学）	姚惠琴（宁夏医科大学）
袁　洁（新疆第二医学院）	倪　佳（安徽中医药大学）
徐　飞（南京中医药大学）	郭　惠（陕西中医药大学）
黄宏妙（广西中医药大学）	曹　莉（湖北中医药大学）
曹秀莲（河北中医药大学）	梁　琨（上海中医药大学）
程　迪（河南中医药大学）	黎勇坤（云南中医药大学）

中国健康传媒集团

中国医药科技出版社

内 容 提 要

本实验教材是"全国普通高等中医药院校药学类第三轮规划教材"《无机化学》的配套教材。根据新时期药学类专业人才培养目标，秉承以学生为中心的理念，对教材内容科学设计、整体优化，力求在注重基本理论、基本知识、基本技能培养的同时，突出药学类专业特色，融入思政教育和培养综合素质。全书分为三部分，主要内容为无机化学实验的基础知识、基本技术和 23 个基本实验项目。实验项目内容涉及化学基本操作技能的训练、基本理论知识的验证、化合物的制备、常数测定以及一些综合性实验。每个实验后设有预习要求、注意事项、思考题等，以便学生高效掌握相关知识。教材后的附录包含实验涉及的一些常数、常用试剂配制方法等，便于查阅使用。

本教材主要供高等中医药院校药学、中药学、制药工程等专业教学使用，也可供相关科研单位或化学爱好者参考使用。

图书在版编目（CIP）数据

无机化学实验/吴培云，杨怀霞主编 . —3 版 . —北京：中国医药科技出版社，2023.7
全国普通高等中医药院校药学类专业第三轮规划教材
ISBN 978 - 7 - 5214 - 4006 - 5

Ⅰ.①无… Ⅱ.①吴… ②杨… Ⅲ.①无机化学 - 化学实验 - 中医学院 - 教材 Ⅳ.①O61 - 33

中国国家版本馆 CIP 数据核字（2023）第 130855 号

美术编辑 陈君杞
版式设计 友全图文

出版 **中国健康传媒集团** | 中国医药科技出版社
地址 北京市海淀区文慧园北路甲 22 号
邮编 100082
电话 发行：010 - 62227427 邮购：010 - 62236938
网址 www.cmstp.com
规格 889mm × 1194mm $\frac{1}{16}$
印张 6
字数 173 千字
初版 2014 年 8 月第 1 版
版次 2023 年 7 月第 3 版
印次 2023 年 7 月第 1 次印刷
印刷 北京市密东印刷有限公司
经销 全国各地新华书店
书号 ISBN 978 - 7 - 5214 - 4006 - 5
定价 35.00 元

获取新书信息、投稿、为图书纠错，请扫码联系我们。

出版说明

"全国普通高等中医药院校药学类专业第二轮规划教材"于2018年8月由中国医药科技出版社出版并面向全国发行，自出版以来得到了各院校的广泛好评。为了更好地贯彻落实《中共中央 国务院关于促进中医药传承创新发展的意见》和全国中医药大会、新时代全国高等学校本科教育工作会议精神，落实国务院办公厅印发的《关于加快中医药特色发展的若干政策措施》《国务院办公厅关于加快医学教育创新发展的指导意见》《教育部 国家卫生健康委 国家中医药管理局关于深化医教协同进一步推动中医药教育改革与高质量发展的实施意见》等文件精神，培养传承中医药文化，具备行业优势的复合型、创新型高等中医药院校药学类专业人才，在教育部、国家药品监督管理局的领导下，中国医药科技出版社组织修订编写"全国普通高等中医药院校药学类专业第三轮规划教材"。

本轮教材吸取了目前高等中医药教育发展成果，体现了药学类学科的新进展、新方法、新标准；结合党的二十大会议精神、融入课程思政元素，旨在适应学科发展和药品监管等新要求，进一步提升教材质量，更好地满足教学需求。通过走访主要院校，对2018年出版的第二轮教材广泛征求意见，针对性地制订了第三轮规划教材的修订方案。

第三轮规划教材具有以下主要特点。

1.立德树人，融入课程思政

把立德树人的根本任务贯穿、落实到教材建设全过程的各方面、各环节。教材内容编写突出医药专业学生内涵培养，从救死扶伤的道术、心中有爱的仁术、知识扎实的学术、本领过硬的技术、方法科学的艺术等角度出发与中医药知识、技能传授有机融合。在体现中医药理论、技能的过程中，时刻牢记医德高尚、医术精湛的人民健康守护者的新时代培养目标。

2.精准定位，对接社会需求

立足于高层次药学人才的培养目标定位教材。教材的深度和广度紧扣教学大纲的要求和岗位对人才的需求，结合医学教育发展"大国计、大民生、大学科、大专业"的新定位，在保留中医药特色的基础上，进一步优化学科知识结构体系，注意各学科有机衔接、避免不必要的交叉重复问题。力求教材内容在保证学生满足岗位胜任力的基础上，能够续接研究生教育，使之更加适应中医药人才培养目标和社会需求。

3.内容优化，适应行业发展

教材内容适应行业发展要求，体现医药行业对药学人才在实践能力、沟通交流能力、服务意识和敬业精神等方面的要求；与相关部门制定的职业技能鉴定规范和国家执业药师资格考试有效衔接；体现研究生入学考试的有关新精神、新动向和新要求；注重吸纳行业发展的新知识、新技术、新方法，体现学科发展前沿，并适当拓展知识面，为学生后续发展奠定必要的基础。

4.创新模式，提升学生能力

在不影响教材主体内容的基础上保留第二轮教材中的"学习目标""知识链接""目标检测"模块，去掉"知识拓展"模块。进一步优化各模块内容，培养学生理论联系实践的实际操作能力、创新思维能力和综合分析能力；增强教材的可读性和实用性，培养学生学习的自觉性和主动性。

5.丰富资源，优化增值服务内容

搭建与教材配套的中国医药科技出版社在线学习平台"医药大学堂"（数字教材、教学课件、图片、视频、动画及练习题等），实现教学信息发布、师生答疑交流、学生在线测试、教学资源拓展等功能，促进学生自主学习。

本套教材的修订编写得到了教育部、国家药品监督管理局相关领导、专家的大力支持和指导，得到了全国各中医药院校、部分医院科研机构和部分医药企业领导、专家和教师的积极支持和参与，谨此表示衷心的感谢！希望以教材建设为核心，为高等医药院校搭建长期的教学交流平台，对医药人才培养和教育教学改革产生积极的推动作用。同时，精品教材的建设工作漫长而艰巨，希望各院校师生在使用过程中，及时提出宝贵意见和建议，以便不断修订完善，更好地为药学教育事业发展和保障人民用药安全有效服务！

无机化学实验是"全国普通高等中医药院校药学类专业第三轮规划教材"《无机化学》的配套教材。根据新时期药学类专业应用型、创新型人才培养目标和培养要求，秉承以学生为中心的理念，针对无机化学实验课程的特点，对教材内容科学设计、整体优化，力求在注重基本理论、基本知识、基本技能培养的同时，突出药学类专业特色，融入思政教育和培养综合素质。本教材于 2014 年出版第 1 版，2018 年修订再版，十年来，得到全国 30 余所医药院校使用者的认可。本版在充分肯定上版教材良好效果的基础上对编写内容进一部修订和完善。我们期望德能兼顾、潜移默化、循序渐进，在传授知识的同时，训练科学的思维和方法，培养科学的精神和品德，树立良好的核心价值观和社会责任感。如新增实验二十三葡萄糖酸锌的制备，该实验所用原料正是实验二十二利用鸡蛋壳制备葡萄糖酸钙的实验产品。另外，实验十三［三草酸合铁（Ⅲ）酸钾的制备］的原料是实验十一（硫酸亚铁氨的制备）的产品，实验七（五水硫酸铜的制备）的产品也是实验九、实验十的原料。这种实验之间的链式衔接，既能激发学生的学习兴趣，又能强化学生绿色环保理念，同时有助于促进学生创新意识的萌发，提升其主动学习能力，发展辩证思维能力，以及培养求真务实、勇于探索、追求卓越的科学素质。

本教材由吴培云、杨怀霞担任主编，具体编写分工如下：第一部分基础知识由黎勇坤、於祥、张凤玲、姚军、方德宇等编写，第二部分基本技术由王宽、曹秀莲、张璐、姚惠琴、武世奎等编写，第三部分实验项目依次由郑婷婷、张浩波、吴巧凤、吴培云、倪佳、关君、袁洁、杨婕、李亚楠、罗维芳、张晓青、黄宏妙、杨怀霞、徐飞、曹莉、张爱平、郝靓、许文慧、张红艳、王堃、李德慧、杨爱红、王宽、邹淑君等编写，附录由马鸿雁、刘艳菊、马乐乐编写。吴培云、杨怀霞负责全书统稿工作。

本教材在编写过程中得到各参编院校领导、同行的大力支持，也吸收和参考了一些专家学者的优秀成果，也在此一并表示衷心的感谢！

尽管我们竭尽心智，限于水平与经验，疏漏之处在所难免，敬请各位同行和读者提出宝贵意见，以便再版时完善和提高。

编　者
2023 年 5 月

CONTENTS 目录

第一部分　基础知识

一、化学实验的目的和要求

化学是一门以实验为基础的科学，化学实验课是培养学生综合素质最有效的方式之一。在实验课中学生是学习的主体，学生在教师的指导下自己动手进行实验操作，观察记录实验现象，处理实验数据，撰写实验报告，自己动脑筋解决各种各样的问题，各项智力因素都能得到发展。

无机化学是大学新生所学的第一门化学基础课，要很好地领会和掌握无机化学的基本知识和基本理论，实验教学是必不可少的重要环节。由于无机化学实验是在大学一年级开设，学生处于从高中向大学过渡的重要阶段，学习化学实验的基本知识、掌握正确规范的实验操作技能，养成良好的实验习惯尤其重要。

（一）无机化学实验教学的目的

（1）理论与实践相结合，培养学生综合运用所学知识分析、解决问题的能力。学生在无机化学实验中可获得大量的感性知识，通过归纳、总结由感性认识上升到理性认识，对课堂讲授的基本理论和基础知识的理解和掌握会更加深刻。

（2）通过化学实验基本操作技能的训练，使学生掌握化学实验基本操作方法和技能技巧，为后续各门实验课程的学习打下坚实的基础。

（3）培养学生独立进行实验操作、观察和记录实验现象、正确处理实验数据和撰写实验报告的能力。

（4）培养学生严格的"数"与"量"的概念，使学生树立严谨的科学态度。

（5）在实验中逐步培养学生准确细致、认真整洁地进行科学实验的良好习惯。

（6）通过实验课程的学习，使学生得到规范、系统的化学实验训练。逐步培养学生掌握科学的逻辑思维方法；严谨认真、实事求是、一丝不苟的科学态度和求真、探索、协作的精神；创新思维和创新实践的能力。

（二）实验是全面提高学生综合能力的重要环节

基础学科基本操作技能的训练和实验能力的培养，是专业学科各门实验课程甚至是以后从事科学研究和实际工作必备的基础，实验的各个环节都要严格要求，对每一个实验，不仅要求理解掌握实验的原理、实验的方法，而且要求对基本操作进行认真的训练。操作的规范、正确是实验结果准确、可靠的最基本的保证，化学实验是培养和锻炼学生各方面能力最行之有效的方法，比如实验台面的整洁、仪器存放的有序、污物不乱丢弃，就是在培养良好的工作习惯与工作作风；再如对实验原理及方法的理解和掌握，对实验现象的观察和分析，就是在培养逻辑思维能力；对数据的分析与处理，对实验结果的正确表达，就是在培养科学的工作方法；对实验方法及步骤的探究，就是在培养创新能力。要重视实验中的每个环节，不能因为有些是无关紧要的小事而不认真去做，能力与素质的提高是点滴积累起来的。

二、化学实验规则

（一）学生守则

为了顺利做好化学实验和培养良好的实验室习惯，必须做到以下几点。

（1）遵守实验室的各项规章制度，实验课不得迟到或早退。

（2）实验前应做好充分的准备工作。首先，复习教材中相关的章节，预习实验，写好预习报告，做到心中有数，不允许实验时边看边做，否则不仅收不到实验应有的效果，还容易发生事故。其次，要充分考虑实验中可能存在的不安全因素，考虑好应对的措施，以防事故的发生。

（3）进入实验室时，应熟悉实验室及其周围环境，了解实验室内水、电、煤气开关的位置以及灭火器材、急救药箱的使用方法和放置的地方。

（4）实验中要听从教师的指导，严格遵守实验室安全规则和每个实验操作中的安全注意事项。按实验教材规定的规格及用量取用试剂，按规定步骤进行实验操作。如有新的设想，需与教师商讨并征得同意后方可改变实验的步骤及试剂的规格和用量。如发生意外事故应立即报告老师并根据情况采取应急措施。

（5）使用仪器和设备，要养成阅读使用说明书和注意事项的习惯。

（6）实验过程中要集中精力，认真进行实验操作，细心观察实验现象，深入思考实验中遇到的问题，如实记录实验数据，不能用散页纸记录，以免丢失。

（7）实验后要注意分析讨论实验结果好坏的原因，及时总结经验教训，不断提高实验工作能力，并及时（或当堂）认真写好实验报告，按时交给指导教师批阅。实验报告要书写整洁、文字简练、结论明确。

（8）遵守实验室各项安全规则，爱护仪器设备，节约水、电、煤气、药品等。

（9）要有良好的实验室工作道德，爱护集体，关心他人。

（二）实验室工作规则

（1）应保持严肃、安静的实验室环境，遵守实验室纪律。不得在实验室内大声喧哗和嬉戏，不能做与实验无关的其他事情。

（2）只取用自己的仪器，不动用他人的仪器。公用的仪器用完后应及时洗净，整理好并立即送归原处。

（3）如需使用精密仪器，必须严格按照操作规程进行实验，要细心、认真、谨慎，做好实验记录。如发现仪器有异常，应立即停止使用，并报告指导教师。

（4）因不慎或违反操作规程损坏的仪器设备应按照实验室相关规定酌情赔偿。

（5）保持实验台面及地面的整洁，学会并养成合理安排实验台面的习惯，可按以下原则进行。

1）实验前将所需的物品置于实验台上，按一定顺序摆放，暂时不用的仪器不要放在实验台面上，以免碰倒损坏。

2）所有仪器尽可能放在实验台靠里侧的位置，按照仪器由高到低的顺序由里向外排列，经常使用的仪器可放在靠右边的位置。要留下一块空间进行实验操作和记录。

3）药匙、玻璃棒、滴管等小件仪器用完应立即洗净，并存放于干净的烧杯中备用，不能随意放在实验台上，以免被污染。大件仪器用完后应放回原位。

4）每人应准备一个废物杯，盛放火柴梗、碎玻璃、废纸等固体废物，实验完毕倒入垃圾箱，不得随意丢在实验台、水槽或地面上。废液、废渣等要分别倒入指定的废液缸，不能乱丢乱抛，更不能投入或倒入水槽，以免堵塞或腐蚀下水道。

（6）实验结束后，关好灯、水、电、煤气，将仪器刷洗干净，放到规定的位置，清洁并整理好实验台面，打扫干净水槽。

（7）实验室内的一切物品不准带离实验室。

（8）值日生负责整理公用器材，打扫实验室，检查水、电、煤气开关，关好门窗。征得教师同意后，方可离开实验室。

（三）实验室安全守则

化学实验中用到的很多药品是易燃、易爆、有腐蚀性或有毒的，另外实验中还经常用到水、电、煤气等，如果不认真准备实验，不遵守操作规则，不但会造成实验失败，还可能会造成各种事故。熟悉实验室安全守则，实验前认真准备，实验中集中注意力，遵守操作规程，就可以避免事故的发生，保证实验的顺利进行。

（1）严禁在实验室内饮食、吸烟，严禁将餐具带进实验室。实验完毕，必须洗净双手，方可离开实验室。

（2）实验开始前，检查仪器有无破损，装置安装是否正确、稳妥。

（3）不要俯向容器去嗅闻气体，应用手轻拂气体，扇向自己后再嗅。

（4）试管加热时，不要将管口对着自己或别人。不要俯视正在加热的液体，以免液体溅出造成损伤。

（5）浓酸、浓碱具有强腐蚀性，切勿溅到衣服、皮肤上，尤其注意不要溅入眼睛中。稀释浓硫酸时应将浓硫酸沿器壁慢慢倒入水中，而不能将水倒入浓硫酸中，以免迸溅。

（6）乙醚、乙醇、丙酮、苯等易挥发易燃的有机溶剂，安放和使用时必须远离明火，取用完毕后应立即盖紧瓶塞和瓶盖。制备或使用有毒、有刺激性的气体时，应在通风橱内进行。严禁随意混合化学试剂，以免发生危险。

（7）实验室内任何药品，特别是有毒药品（如铬盐、钡盐、铅盐、砷化合物、汞化合物，特别是氰化物）不得进入口内或接触伤口。也不能将有毒药品或废液直接倒入下水道。

（8）实验进行时不得擅离岗位。水、电、燃气等使用完毕后应立即关闭。值日生和最后离开实验室的人员一定要再次检查所有开关是否已全部关好。

三、化学试剂的分类与管理

化学试剂是具有不同纯度标准的精细化学制品，其价格与纯度相关，纯度不同价格有时相差很大。因此，化学实验时应按实验的要求选用不同规格的试剂，做到既不盲目追求高纯度以造成浪费，又不随意降低试剂规格而影响实验效果。因此，了解化学试剂的分类、规格标准，以及合理使用和保管方面的知识，对从事化学实验及与化学实验有关的其他专业人员是非常必要的。

（一）化学试剂的分类与规格标准

化学试剂按其化学组成与性质，可分为无机、有机、生化试剂几类。无机试剂包括金属和非金属的单质、化合物，比如氧化物、酸、碱、盐和配合物等。有机试剂包括烃、卤代烃、醇、醚、醛、酮、酸、酯、胺、硝基化合物及碳水化合物等。生化试剂包括蛋白质、菌、酶等生命科学试剂。

按用途，化学试剂可分为通用试剂与专用试剂两类。其中通用试剂是实验室普遍使用的试剂；专用试剂种类很多，有作为化学标准物的标准试剂；有纯度高、性质稳定、组成恒定的定量分析用基准试剂；有用于物质分离、制备、鉴定、测定的专用试剂，例如指示剂、显色剂、萃取剂、试纸、色谱载体、固定液、光谱分析用标准物等。

化学试剂的规格标准是按试剂的纯度及杂质含量来划分的，它反映了试剂的基本质量。国际纯粹与应用化学联合会（IUPAC）把化学标准物质规定为五级。

A 级　原子量标准；

B 级　与 A 级最接近的基准物质；

C 级　含量为 100% ±0.02% 的标准物质；

D 级　含量为 100% ±0.05% 的标准物质；

E 级　以 C、D 级试剂为标准，对比测定纯度相当于 C、D 级纯度或低于 D 级的试剂。

参照国际标准，我国对化学试剂的规格标准分为：高纯试剂、光谱纯试剂、基准试剂、优级纯试剂、分析纯试剂、化学纯试剂和实验纯试剂等七个等级，其中基准试剂相当于国际标准中的 C、D 级。实验室常用的国产标准试剂（代码：GB）级别、标签标记及用途见表 1-1。

表 1-1　常用化学试剂级别、标签颜色及用途

试剂级别	中文名称	英文符号	标签颜色	主要用途
一级	优级纯（保证试剂）	GR	深绿色	精密分析和科学研究
二级	分析纯（分析试剂）	AR	红色	定性定量分析和一般研究
三级	化学纯	CP	蓝色	一般分析和制备实验
四级	实验试剂	LR	棕黄色	一般化学实验和合成制备
基准试剂	基准试剂	PT	深绿色	配制标准溶液
生化试剂	生化试剂	BR	咖啡色	生物化学实验
	生物染色体			

（二）化学试剂的贮存管理

试剂的保管与贮存在实验室中是一项很重要的工作。实验室应建立健全化学试剂管理制度，包括请购、审批、采购、验收入库、保管保养、领用、定期盘点、特殊试剂的退库及过期试剂的报废处理等方面的管理制度。一般在实验室中不宜保存过多易燃、易爆和有毒的化学试剂，要根据用量随时去试剂库房领取。化学试剂应按区域分类存放。多数化学试剂具有一定毒性，有些是易燃易爆危险品，必须由专人保管。危险性化学试剂应由经过充分训练的专职人员管理存放于专用危险试剂仓库，分类存放在不燃烧材料制作的柜、架上，并根据贮存危险物品的种类配备相应的灭火和自动报警装置。储藏室最好设在易于处理意外事故的地方，室内应干燥通风、严禁明火，危险物品应按国家公安部门的相关规定管理执行；储藏室尽量保持通风低温、干燥状况。为防止化学试剂被污染和失效变质，甚至引发事故，要根据试剂的性质采取相应的保管方法。见光易分解、易氧化、易挥发的试剂应贮存于棕色瓶中，并放在暗处。易腐蚀玻璃的试剂应保存在塑料瓶中，吸水性强的试剂要严格密封，易相互作用的试剂不宜一起存放，易燃和易爆的试剂另外存放于通风处。剧毒试剂，应锁在专门的毒品柜中，并建立双人登记签字领用制度；建立使用、消耗、废物处理等制度；皮肤有伤口时，禁止操作这类物质。化学实验室还应做好定期检查工作，检查的内容包括：包装是否完好，试剂有无变质，标签有无脱落，危险品有无混放以及试剂存放室有无隐患等现象，发现问题及时处理。

（三）化学试剂的使用

化学试剂的合理选用直接关系到实验的顺利进行，也关系到人身安全，因此化学试剂的选用应遵循以下基本要求。

（1）要熟知常用试剂的性质，如酸、碱的浓度，试剂在水中的溶解度，试剂的沸点，试剂的毒性及其化学性质。

（2）试剂的选用应以满足实验基本要求为前提，不可无端过高要求纯度等级。比如一般无机、有机性质与制备实验，用 CP 或 LR 试剂即可符合实验要求，试剂杂质只要对反应无影响即可。在试剂纯

度要求较高的实验中，可选用 AR 或 GR 试剂。一般的原则是只要符合实验精度要求，试剂的选用等级就低不就高。

（3）试剂开瓶前，须先明确其特性，根据条件开瓶。开瓶时瓶口不要对准人的面部，用后加盖，不能盖错瓶塞。有些化学试剂见光分解，有些遇空气氧化，有的在过高室温下瓶内蒸气压很大，因此详细地了解试剂的理化性质，创造合适的条件开瓶用药是保证试剂质量和人身安全的需要。

（4）试剂的取用严防人为污染，取出物不可放回原试剂瓶。固体试剂取用要求专勺专用。液体试剂取用时应先倒入干净的容器中，再按要求量取。剩余试剂或供他人再用，或专瓶回收。

（5）试剂分装后，其标签须注明品名、规格、分装日期、产品出厂日期等。

（6）试剂用毕应即时盖好，严防密封不良或泄漏，特别对有毒、有害、有味气体的试剂，取用后还应用蜡封口，并按条件保存。

四、实验室"三废"（废气、废液、废弃物）的处理

化学实验中经常会产生有毒的气体、液体和固体，都需要及时处理，特别是某些剧毒物质，如果直接排出就会污染周围空气和水源，损害人体健康。因此，对废液、废气和废弃物要经过一定的科学处理后，才能排弃。

（一）废气的处理

产生有毒气体的实验应在通风橱内进行。少量有毒气体可以通过排风设备排出室外，被空气稀释。毒气量大时，实验必须备有吸收或处理装置，经处理后再排出。如二氧化氮、二氧化硫、氯气、硫化氢、氟化氢等可用导管通入碱液中，使其大部分吸收后排出，一氧化碳可点燃转化成二氧化碳。

（二）废液的处理

（1）化学实验中大量的废液通常是废酸液。废酸液可先用耐酸塑料网纱或玻璃纤维过滤，滤液加碱中和，调 pH 至 6 ~ 8 后就可排出。少量滤渣分类存放，统一处理。

（2）废铬酸洗液可以用高锰酸钾氧化法使其再生，重复使用。氧化方法：先在 110 ~ 130℃下将其不断搅拌、加热、浓缩，除去水分后，冷却至室温，缓缓加入高锰酸钾粉末。每 1000ml 加入 10g 左右，边加边搅拌直至溶液呈深褐色或微紫色，不要过量。然后直接加热至有三氧化硫出现，停止加热。稍冷，通过玻璃砂芯漏斗过滤，除去沉淀；冷却后析出红色三氧化铬沉淀，再加适量硫酸使其溶解即可使用。少量的废铬酸洗液可加入废碱液或石灰使其生成氢氧化铬（Ⅲ）沉淀，将此废渣分类存放，统一处理。

（3）氰化物是剧毒物质，含氰废液必须认真处理。含氰化物的废液用氢氧化钠溶液调 pH 至 10 以上，再加入 3% 的高锰酸钾使 CN^- 氧化分解。CN^- 含量高的废液用碱性氯化法处理，即在 pH 为 10 以上加入次氯酸钠使 CN^- 氧化分解。

（4）含汞盐的废液先调 pH 至 8 ~ 10，加入过量硫化钠，使其生成硫化汞沉淀，再加入共沉淀剂硫酸亚铁，生成的硫化铁将水中的悬浮物硫化汞微粒吸附而共沉淀，排出清液，残渣用焙烧法回收汞或再制成汞盐。清液汞含量降到 0.02mg/L 以下可排放。少量残渣可埋于地下，大量残渣可用焙烧法回收汞，但要注意一定要在通风橱内进行。

（5）含砷废液加入氧化钙，调节 pH 为 8，生成砷酸钙和亚砷酸钙沉淀。或调节 pH 为 10 以上，加入硫化钠与砷反应，生成难溶、低毒的硫化物沉淀。

（6）含铅、镉废液，用消石灰将 pH 调至 8 ~ 10，使 Pb^{2+}、Cd^{2+} 生成 $Pb(OH)_2$ 和 $Cd(OH)_2$ 沉淀，加入硫酸亚铁作为共沉淀剂。

（7）含重金属离子的废液，最有效和最经济的处理方法是加碱或加硫化钠把重金属离子变成难溶性的氢氧化物或硫化物沉积下来，然后过滤分离，少量残渣可埋于地下。

（8）低浓度含酚废液加次氯酸钠或漂白粉使酚氧化为二氧化碳和水。高浓度含酚废水用乙酸丁酯萃取，重蒸馏回收酚。

（9）有机溶剂　可燃性有机废液可于燃烧炉中通氧气完全燃烧。一些废有机溶剂可以通过回收进行处理。

废乙醚溶液置于分液漏斗中，用水洗一次，中和，用0.5% 高锰酸钾洗至紫色不褪，再用水洗，用0.5%～1% 硫酸亚铁铵溶液洗涤，除去过氧化物，再用水洗，用氯化钙干燥、过滤、分馏，收集33.5～34.5℃馏分。

乙酸乙酯废液先用水洗几次，再用硫代硫酸钠稀溶液洗几次，使之褪色，再用水洗几次，蒸馏，用无水碳酸钾脱水，放置几天，过滤后蒸馏，收集76～77℃馏分。

三氯甲烷、乙醇、四氯化碳等废溶液都可以通过水洗废液再用试剂处理，最后通过蒸馏收集沸点左右馏分，得到可再用的溶剂。

（三）固体废弃物的处理

实验中出现的固体废弃物不能随便乱放，以免发生事故。如能放出有毒气体或能自燃的危险废弃物不能丢进废品箱内和排进废水管道中。不溶于水的废弃化学药品禁止丢进废水管道中，必须将其在适当的地方烧掉或用化学方法处理成无害物。碎玻璃和其他有棱角的锐利废弃物，不能丢进废纸篓内，要收集于特殊废品箱内处理。

五、实验室意外事故的处理

在实验中有时会遇到一些意外事故，切勿慌张，应立即报告老师；并参考以下方式进行处理，必要时就医。

（1）割伤　伤处不能用手抚摸，也不能用水洗涤。若是玻璃创伤，应先把碎玻璃从伤处挑出。再在伤口处涂抹紫药水或红药水，必要时撒些消炎粉或敷些消炎膏，再用纱布包扎。

（2）烫伤　烧伤或烫伤，皮肤无破损或水泡的，立即用10～20℃的凉水冲洗至少30分钟，随后涂抹烫伤膏，皮肤破损或起水泡的，立即涂抹烫伤膏，并送医院就诊。

（3）眼睛的保护　防止眼睛受刺激性气体熏染，防止任何化学试剂特别是强酸、强碱、玻璃屑等异物进入眼内。一旦眼内溅入任何化学试剂，立即用大量水缓缓彻底冲洗15分钟，再将伤者送医院治疗。玻璃屑进入眼内时，要尽量保持平静，绝不可用手揉搓，也不要试图让别人取出碎屑，任其流泪，用纱布包住伤者眼睛后，急送医院处理。

（4）酸碱腐蚀致伤　先用大量水冲洗。酸腐蚀致伤后，用饱和碳酸氢钠溶液或氨水溶液冲洗；碱腐蚀致伤后，用2%醋酸洗，最后用水冲洗。若强酸强碱溅入眼内，立即用大量水冲洗，然后相应地用1%碳酸氢钠溶液或1%硼酸溶液冲洗。

（5）溴灼伤　立即用大量水冲洗，再用乙醇擦至无溴存在为止；或用苯或甘油洗，然后用水洗。

（6）磷灼伤　用1%硝酸银、1%硫酸铜或浓高锰酸钾溶液洗，然后包扎。

（7）吸入溴蒸气、氯气、氯化氢　可吸入少量乙醇和乙醚的混合气体；若吸入硫化氢气体而感到不适时，应立即到室外呼吸新鲜空气。

（8）毒物不慎入口　应根据不同毒物性质服用解毒剂，并及时送往医院。若是非腐蚀性中毒可服1% $CuSO_4$溶液催吐，并用手指伸进咽喉部，促使呕吐。

（9）触电　遇到触电事故，应先切断电源，必要时进行人工呼吸。

（10）火灾 应根据起火的原因有针对性地灭火。乙醇及其他可溶于水的液体着火时，不可用水灭火；汽油、乙醚等有机溶剂着火时，用沙土扑灭，此时绝不能用水，否则反而扩大燃烧面；导线和电器着火时，应首先切断电源，不能用水和二氧化碳灭火器，应使用 CCl_4 灭火器灭火；衣服着火时，忌奔跑，应就地躺下滚动，或用湿衣服在身上抽打灭火。

（11）伤势较重者，立即送医。

六、化学实验常用仪器

仪 器	规 格	一般用途	使用注意事项
试管及试管架	试管：分硬质、软质；有刻度、无刻度；有支管、无支管等 无刻度试管一般用管口直径（mm）× 管长（mm）计，如 10×75、15×150 等 有刻度试管按容量（ml）计，如 5、10、15…… 试管架：木质、塑料或金属	试管： （1）小量反应容器，便于操作、观察 （2）具支试管可以装配气体发生器、洗气装置和检验气体产物 试管架：承放试管	试管： （1）硬质试管可以加热至高温，但不宜骤冷，软质试管在温度急剧变化时极易破裂 （2）加热时试管口不要对人，盛放液体不宜超过容量的 1/3 试管架：金属试管架应注意防酸碱腐蚀
离心管	分有刻度和无刻度两种，规格以容量（ml）计，如 5、10……	（1）少量试剂反应器 （2）分离沉淀	不能直接加热，可以水浴加热
表面皿	以直径（mm）计，如 45、65、75、90……	（1）少量试剂反应器 （2）作蒸发皿、烧杯等容器的盖了	（1）不能用火直接加热 （2）作盖子用时，其直径应比被盖容器略大
烧杯	以容量（ml）计，如 50、100、800ml…… 分硬质、软质，有刻度和无刻度等	（1）反应容器，易混合均匀 （2）配制溶液	（1）加热前将烧杯外壁擦干，加热时下垫石棉网，使受热均匀 （2）反应液体不得超过烧杯容量的 2/3，以免外溢
烧瓶	以容量（ml）计，如 50、100、250ml…… 分平底、圆底；长颈、短颈等	（1）圆底烧瓶：反应容器 （2）平底烧瓶：配制溶液或代替圆底烧瓶	（1）盛放液体不宜超过容量的 2/3 （2）平底烧瓶不耐压，不能用于减压蒸馏 （3）不能直接加热 （4）放置时，下面要有木环或石棉环
锥形瓶（三角瓶）	以容量（ml）计，如 50、100、250ml…… 分硬质、软质，具塞、无塞等，有塞的又称碘量瓶	（1）反应容器，摇荡方便 （2）适用于滴定操作	不能直接加热，加热时下垫石棉网或水浴

仪 器	规 格	一般用途	使用注意事项
碘量瓶	以容量（ml）计，如 100、250ml……	（1）用于碘量法滴定 （2）其他产生挥发性物质的反应容器	塞子及瓶口边缘磨口处勿擦伤，以免漏隙
容量瓶	以容量（ml）计，分量入式（ln）和量出式（ex） 颜色分无色、棕色两种	用于配制标准溶液	（1）不能加热，不能代替试剂瓶用来存放溶液 （2）棕色容量瓶用于配制见光易分解的药品标准溶液 （3）瓶塞与瓶是配套的，不能互换
漏斗	以口径和漏斗颈长短计，如 6cm 长颈漏斗、4cm 短颈漏斗	用于过滤或倾注液体	不能用火直接加热
分液漏斗和滴液漏斗	以容积和漏斗的形状（筒形、球形、梨形）计，如 100ml 球形分液漏斗、60ml 筒形滴液漏斗	（1）往反应体系中滴加较多的液体 （2）分液漏斗用于互不相溶的液 – 液分离	活塞应用细绳系于漏斗颈上，或套以小橡皮圈，防止滑出跌碎
量筒和量杯	以所能度量的最大容量（ml）计，如 10、50、100ml……	量取一定体积的液体	（1）不能作为反应容器，不能加热，不可量热的液体 （2）读数时视线应与液面水平，读取与弯月面最低点相切的刻度

仪　器	规　格	一般用途	使用注意事项
（a）移液管　（b）吸量管	以所能容纳的最大容量（ml）计，如 1、2、5、10、20ml…… 无分度的为移液管（a），有分度的为吸量管（b）	用于精密量取一定体积的液体	（1）不能加热烘干 （2）用时先用少量待取液润洗 3 次 （3）一般移液管残留的最后一滴液体，不要吹出；但刻有"吹"字的完全流出式移液管除外
（a）　　（b） 称量瓶	分高形（a）、扁形（b）以外径（mm）×高（mm）计	用于准确称取一定量的固体	（1）瓶与盖是配套的，不可混用 （2）不可用火加热 （3）不用时应洗净，在磨口处垫一小纸条
（a）布氏漏斗　（b）抽滤瓶	布氏漏斗（a）：瓷质制或玻璃制，以直径（cm）计 抽滤瓶（b）：以容量（ml）计	减压抽滤	（1）滤纸要略小于漏斗内径，又要把底部小孔全部盖住，以免漏液 （2）先抽气，后过滤。停止过滤时，先放气，再关泵 （3）不能直接加热
干燥管	分直形、弯形、U 形	内盛装干燥剂，干燥气体	（1）干燥剂置球形部分，不宜过多。小管与球形交界处放少许棉花填充 （2）大头进气，小头出气
（a）广口　（b）细口 试剂瓶	材料：玻璃或塑料 规格：分广口（a）、细口（b）；无色、棕色 以容量计，如 125、250、500、1000ml……	广口瓶盛放固体试剂，细口瓶盛放液体试剂	（1）不能加热 （2）取用试剂时，瓶盖应倒放在桌上 （3）盛碱性物质要用橡皮塞或塑料瓶 （4）见光易分解的物质用棕色瓶

续表

仪 器	规 格	一般用途	使用注意事项
干燥器	以内径（mm）计，分普通、真空干燥器两种，颜色有无色、棕色两种	（1）存放需要保持干燥的仪器或试剂 （2）定量分析时，将灼烧过的坩埚放在其中冷却	（1）灼烧过的物品应稍冷，再放入干燥器前 （2）干燥剂要及时更换，干燥器的盖磨口处应均匀涂抹凡士林 （3）见光易分解的样品宜用棕色干燥器
药匙	以大小计，由瓷、骨、塑料、金属合金等材料制成	用于取用固体试剂	（1）药匙大小的选择，应以盛取试剂后能放进容器口为宜 （2）取用一种药品后，必须洗净擦干才能取用另一种药品
点滴板	上釉瓷板，分白、黑两种	进行点滴反应，观察沉淀生成和颜色变化	（1）不能加热 （2）不能用于含氢氟酸和浓碱溶液的反应
玻璃砂（滤）坩埚	以坩埚孔径的大小分为六种型号： G1(20~30μm) G2(10~15μm) G3(4.9~9μm) G4(3~4μm) G5(1.5~2.5μm) G6(1.5μm以下)	用于过滤定量分析中只需低温干燥的沉淀	（1）应选择合适孔径的坩埚 （2）干燥或烘烤沉淀时，最高不得超过500℃，最适用于只需在150℃以下烘干的沉淀 （3）不易用于过滤胶状沉淀或碱性较强的溶液
蒸发皿	材料：瓷质，也有石英、铂制品 以上口直径（cm）或容量（ml）计。分平底、圆底两种	（1）蒸发浓缩 （2）反应容器 （3）灼烧固体	（1）耐高温，能直接加热 （2）注意不要碰碎，高温时不能骤冷
坩埚	材料：瓷质、石英、氧化锆、铁、镍、铂等 以容量（ml）计，常用的为30ml	耐高温，用于灼烧固体	（1）可放在泥三角上，直接用火加热 （2）灼热的坩埚用坩埚钳夹取，放置于石棉网上 （3）灼热的坩埚不可骤冷，避免溅上水
研钵	材料：瓷质、铁、玻璃、玛瑙等 规格：以体口径计，如60、75、90mm	（1）研磨固体物质 （2）两种或两种以上药品通过研磨，混合均匀	（1）不能作反应容器用 （2）只能研磨，不能敲打，不能烘干 （3）易爆物质只能轻轻压碎，不能研磨

续表

仪　器	规　格	一般用途	使用注意事项
坩埚钳	铁或铜合金制品，表面常镀铬、镍	高温时，夹取坩埚和坩埚盖	（1）夹取灼热的坩埚时，需将尖部预热，以免坩埚因局部骤冷而炸裂 （2）放置时应尖部朝上放置 （3）避免接触腐蚀性液体
三脚架	铁制品，有大小、高低之分	放置较大或较重的加热容器	先放石棉网，再放加热容器，水浴锅除外
泥三角	有大小之分，以每边边长（cm）计	用于盛放加热的坩埚和小蒸发皿	（1）灼热的泥三角避免滴上冷水，以免瓷管破裂 （2）选择泥三角时，要使搁在上面的坩埚所露出的上部不超过本身高度的1/3
铁架、铁圈和铁夹	铁制品，夹口常套有橡胶或塑料 铁架台以高度（cm）计；铁圈以直径（cm）计；铁夹以大小计，有双钳、三钳、四钳之分	（1）固定反应容器用 （2）铁圈可代替漏斗架或泥三角支撑架使用	（1）应先将铁夹等升至合适的高度，并旋紧螺丝，使之牢固后再进行实验 （2）固定仪器在铁架台上时，重心应落在铁架台底盘的中心处
石棉网	由铁丝编成，中间涂有石棉，有面积大小之分	加热玻璃仪器时垫在底部，使其受热均匀	（1）避免石棉网浸水，以免石棉脱落、铁丝锈坏 （2）因石棉致癌，国外已用高温陶瓷代替
毛刷	以大小和用途计，如试管刷、烧杯刷	用于洗刷常用玻璃仪器	洗涤试管时，要把前部的毛捏住放入试管，以免铁丝顶端将试管底戳破
洗瓶	塑料制品，以容量（ml）计，如 500ml	盛装蒸馏水或去离子水洗涤沉淀和容器用	（1）不能装自来水用 （2）塑料洗瓶不能加热

续表

仪 器	规 格	一般用途	使用注意事项
漏斗板	木制，有螺丝可固定于铁架或木架上	过滤时盛放漏斗用	固定漏斗板时，不要将其反放
螺旋夹和自由夹	铁或铜制品	用于蒸馏水贮瓶，制气或其他实验装置中沟通或关闭流体的通路。螺旋夹可控制流量	（1）应使胶管夹在自由夹的中间部位 （2）夹持胶管的部位应常变动，以防夹持不牢引起漏水 （3）实验结束，应及时拆卸装置，擦净夹子，以免锈蚀

注：仪器所用材料无注明者皆为玻璃。所列规格为常用的规格。

七、实验数据处理

（一）有效数字

1. 有效数字概述　在化学实验中，为了取得准确的测定结果，不仅要准确进行测量，而且还要正确记录与计算。正确记录是指正确记录数字的位数与大小，因为数据的位数不仅表示数字的大小，也反映测量的准确程度。

有效数字是指在实验工作中实际能测到的具有实际意义的数字。应根据分析方法和仪器的准确度来决定保留有效数字的位数，有效数字的最后一位是可疑的，即不准确的。例如，使用一支 50ml 滴定管进行滴定操作，滴定管最小刻度 0.1ml，所得滴定体积为 23.68ml。该数据不仅表示具体的滴定体积，而且还表示计量的精确度为 ±0.01ml。若滴定体积正好是 23.70ml，这时应注意，最后一位 "0" 要写上，不能省略，否则 21.7ml 表示的计量精确度只有 ±0.1ml，显然这样记录数据无形中就降低了测量精度，可见实验数据的有效数字与仪器的精密度有关。在 23.68ml 这个数据中，前三位都是准确可靠的，最后一位数因没有刻度，是估读出来的，属于欠准数字，因而这个数据为四位有效数字，可见有效数字是由若干位准确数字和 1 位欠准数字组成。

此外，还应注意有效数字中 "0" 的作用。"0" 在有效数字中有两种意义：一种是作为数字定位，另一种是有效数字。例如

试样重量	1.3074g	五位有效数字
滴定剂的体积	21.50ml	四位有效数字
标准溶液浓度	0.0100mol/L	三位有效数字

"0" 在以上数据中，起的作用是不同的，例如在 1.3074、21.50 中，"0" 都是有效数字，而在 0.0100 中，前面两个 "0" 只起定位作用，后面两个 "0" 均为有效数字。

确定有效数字位数时应遵循以下几条原则。

（1）在记录测量数据时，只允许在测得值的末位保留一位欠准数字，其误差是末位数的 ±1 个单位。

（2）变换单位时，有效数字的位数必须保持不变。例如，0.0087g 应写成 8.7mg，23.6L 应写成 2.36×10^4ml。

（3）对于很大或很小的数字，可以用指数形式表示。如 0.00025g 可记录为 2.5×10^{-4}g。又如 2500g，若为 3 位有效数字，可记录为 2.50×10^3g。

（4）对于 pH 及 $pK_a^\ominus$ 等对数值，其有效数字仅取决于小数部分数字的位数，而其整数部分的数值仅代表原数值的幂次。例如，pH = 10.14，对应的 $[H^+] = 7.2 \times 10^{-11}$mol/L，有效数字是 2 位，而不是 4 位。

2. 有效数字修约　通过有效数字运算得到的结果，误差比测量值误差更大，计算结果的有效数字位数要受到各测量值（特别是误差最大的测量值）有效数字位数所限制。因此，有效数字位数较多（误差较小）的测量值，在运算过程中将其多余的数字（称为尾数）舍弃，即有效数字的修约。有效数字修约常用"四舍五入"或"四舍六入五留双"的方法。下面重点讨论第二种方法。

（1）采用"四舍六入五留双"的规则进行数字修约，当测量值尾数≤4 时，舍弃；≥6 时，进位；当测量值尾数 = 5，且 5 后面的数字为"0"时，则根据 5 前面的数字是奇数还是偶数，采取"奇进偶舍"的方式修约，使被保留数据末位数字为偶数，如 21.0350→21.04；若 5 后面的数字不为"0"，则此时无论 5 前面是奇数还是偶数，均应进位，如 21.0451→21.05。

（2）在数据处理过程中注意禁止分次修约，即只允许对原始测量值一次修约至所需位数，不能分次修约，否则会得到错误结果。如将 5.2149 修约为 3 位有效数字，不能先修约成 5.215，再修约成 5.22，应该一次修约为 5.21。

3. 有效数字运算　在数据处理过程中，应遵守以下有效数字运算规则。

（1）加减法　和与差的有效数字位数保留，应以各数中小数点后位数最少的数字为准。

如：0.02168 + 12.45 + 1.8452 = 14.32

（2）乘除法　积或商的有效数字位数保留，应以各数中有效数字位数最少者为准。

如：$21.53 \times 0.0321 \times 2.6347 = 1.82$

（3）在乘除法运算中，首数≥8 的数字，如 8.50、9.24 等，它们的相对误差绝对值约为 0.1%，与 10.04、11.54（4 位有效数字）等数值的相对误差绝对值接近，故在运算中有效数字的位数可多计一位。

（4）乘方和开方　乘方和开方运算的有效数字位数与其底数的有效数字的位数相同。

（5）对数　对数尾数的有效数字位数与真数有效数字位数相同。即对数的有效数字位数，只计小数点后的数字的位数，不计整数部分。例如，pH 4.75，$[H^+] = 1.8 \times 10^{-5}$mol/L，$K_a = 2.9 \times 10^9$ 和 $\lg K_a = 9.46$，都是两位有效数字。

（6）进行大量数据计算时，防止误差累积可以对所有参加运算的数据先多保留 1 位有效数字，最后的结果仍按上述原则取舍。使用计算器时，可以先计算再修约，正确保留最后计算结果的有效数字即可。

（二）数据处理

1. 准确度和误差

（1）准确度　指实验值（测定值）与真实值之间符合的程度。准确度的高低常以误差的大小来衡量，即误差越小表示实验值与真实值越接近，准确度越高；反之，误差越大，准确度越低。

（2）误差　有两种表示方法：绝对误差和相对误差。绝对误差指测定值与真实值之差；相对误差指绝对误差与真实值之比。即

$$绝对误差 = 测定值 - 真实值 \qquad E = X - T$$

$$相对误差 = 绝对误差/真实值 \qquad E_r = \frac{X - T}{T} \times 100\%$$

由于测定值可能大于真实值，也可能小于真实值，所以绝对误差和相对误差都可能有正有负。

2. 精密度和偏差　精密度是表示多次重复测量某一量时，所得到的测量值彼此之间相符合的程度。偏差一般是指测定值与平均值之差，精密度的大小用偏差来表示，偏差越小说明精密度越高。

精密度可用偏差、平均偏差、相对平均偏差、标准偏差与相对标准偏差表示。如果测定次数较少，在一般的化学实验中，可以用平均偏差中相对平均偏差表示。若测定次数较多，或要进行其他的统计处理，可以用标准偏差或变异系数表示。

（1）绝对偏差与相对偏差

$$绝对偏差\ d = X_i - \overline{X}$$

$$相对偏差\ d_r = \frac{d}{\overline{X}} \times 100\%$$

式中，X_i 为某次测定的测定值，$\overline{X}$ 为 n 次测定的平均值。

（2）平均偏差与相对平均偏差

$$平均偏差\ \overline{d} = \frac{\sum\limits_{i=1}^{n} |X_i - \overline{X}|}{n}$$

$$相对平均偏差\ \overline{d}_r = \frac{\overline{d}}{\overline{X}} \times 100\%$$

式中，n 为测定次数。

（3）标准偏差（标准差）与相对标准偏差（变异系数）

$$标准差\ S = \sqrt{\frac{\sum\limits_{i=1}^{n} (X_i - \overline{X})^2}{n - 1}}$$

$$相对标准差\ RSD = \frac{S}{\overline{X}} \times 100\%$$

3. 实验数据处理

（1）列表法　对于实验得到的大量数据，可将其列成表格，使其整齐有规律地表达出来，既便于运算与处理，也可减少差错。列表要求：①表格上方有表头，标明表格的名称；②表格栏目，简单明了，排列顺序尽量与数据测量顺序一致，便于记录；③各栏目注明名称和单位；④根据需要还可增加计算栏目、统计栏目或备注等。

列表法简单但不能表示出各数值间连续变化的规律及取得实验值范围内自变量和因变量的对应值。故实验数据常用作图法表示。有时二者也并列于实验报告中。

（2）作图法　化学实验为了达到揭示或验证某自变量和因变量之间函数关系的目的，除了可将所得实验数据列表之外，还常常采用作图的方法。用作图法表示实验数据，能直观显示出自变量和因变量间的变化关系。从图上易于找出所需数据，还可用来求实验内插值、外推值、曲线某点的切线斜率、极值点、拐点以及直线的斜率、截距等。作图要求如下。

1）选择坐标纸　根据函数关系选择适当的坐标纸（如直角坐标纸、单对数坐标纸、双对数坐标纸、极坐标纸等）。

2）确定坐标分度　坐标分度要保证坐标点的有效数字位数与实验数据的有效数字位数相同。例如，对于直接测量的物理量，轴上最小标度可与测量仪器的最小刻度相同。两轴的交点不一定从零开始，一般可取适当小于数据最小值的整数开始标值，使所作图尽量占据图纸的大部分，不偏于一角或一边。

3）画坐标轴 横轴代表自变量，纵轴代表因变量，对每个坐标轴，在相隔一定距离下用整齐的数字注明分度，在轴的中部注明物理量的名称符号及其单位，单位加括号。

4）描点和连线 根据实验数据，用直尺和笔尖准确地描出函数对应的实验点。一张图纸上需要画出几条实验图线时，每条图线应用"＋""×""·""Δ"等不同符号标出。连线时，要使数据点均匀分布在曲线（直线）的两侧，且尽量贴近曲线，并使曲线呈光滑曲线（含直线）。

5）标明图名 做好图后，应在图的下方写上名称，有时还要附上简单的说明，如实验条件等。

八、实验报告的格式示例

（一）定性实验报告格式

氧化还原反应

一、实验目的

……

二、实验内容、现象、反应方程式或解释

1. 电极电势和氧化还原反应

实验内容	实验现象	解释及反应方程式
（1）$KI + FeCl_3 + CCl_4 + H_2O$	CCl_4 层为紫红色	$2Fe^{3+} + 2I^- === 2Fe^{2+} + I_2$
$KBr + FeCl_3 + CCl_4 + H_2O$	CCl_4 层为无色	未反应
（2）$FeSO_4 + 碘水 + CCl_4$	CCl_4 层为紫红色	未反应
$FeSO_4 + 溴水 + CCl_4$	CCl_4 层为无色	$2Fe^{2+} + Br_2 === 2Fe^{3+} + 2Br^-$

结论：$E_{Br_2/Br^-} > E_{Fe^{3+}/Fe^{2+}} > E_{I_2/I^-}$

2. ……

实验内容	实验现象	解释及反应方程式

结论：

（二）常数测定实验报告格式

醋酸解离度和解离平衡常数的测定

一、实验目的

……

二、实验原理

……

三、实验内容

……

四、数据记录、处理与结果

1. 醋酸溶液浓度的标定

编号	V_{NaOH}(ml)	$\overline{V}_{NaOH}$(ml)	c(NaOH) (mol/L)
1			
2			
3			

2. ……

五、思考题

……

（三）合成制备实验报告格式

硫酸亚铁铵的制备

一、实验目的

……

二、实验原理

……

三、实验步骤

$$2g 铁屑 \xrightarrow[\text{水浴加热}]{\text{3mol/L } H_2SO_4} \xrightarrow{\text{趁热过滤}} 滤液 \xrightarrow{\text{饱和硫酸铵溶液}} \xrightarrow[\text{蒸发浓缩}]{\text{水浴}} \xrightarrow[\text{冷却}]{\text{放置}}$$

四、实验结果

1. 产品的颜色、形态：_____

2. 称重：硫酸亚铁铵重_____g

3. 产率 = 实际产量/理论产量 × 100%

五、思考题

……

九、化学实验常用文献资料

查阅资料是化学工作者的必备能力，文献资料和网络化学资源不仅可以帮助人们了解物质基本物性、热化学性质，解释实验现象，还可以避免重复劳动，取得事半功倍的实验效果。目前与化学相关的文献资料相当丰富，许多文献如化学辞典、手册、理化数据和光谱资料等，数据来源可靠，查阅简便，并不断进行补充更新，是化学工作者学习和研究的有力工具。

（一）常用工具书

（1）《化学实验室手册》（夏玉宇主编，化学工业出版社，2015 年）　该手册分七章，汇集了大量常用的理化常数与特性；汇编了化学实验室的常用仪器、设备和试剂，以及实验室有毒有害、易燃易爆危险品等物质的使用安全知识；提供了有关化学方面的图书资料、数据库等信息的网站。内容丰富、简明实用、查阅方便，适用于无机化学及分析化学实验的使用。

（2）《化工辞典》（姚虎卿主编，化学工业出版社，第 5 版，2014 年）　该书为综合性化学化工辞书，收集词目 1.6 万余条。书中列出了物质的化学式、结构式、基本物理和化学性质及相关数据，还附有简要的制法和用途说明。

（3）《化学化工药学大辞典》（黄天守编译，台湾大学图书公司出版，1982 年）　该书是关于化学、医药及化工方面较全的工具书，取材于多种百科全书，收录近万个化学、医药化工等常用物质，采用英文名称按序排列方式。本书附有 600 多个有机人名反应。

（4）*Chemical Abstracts*（美国化学文摘，简称 CA）　由美国化学会化学文摘社编辑出版，于 1907 年创刊。1962 年起，每年出两卷，每卷出 13 期，自 1976 年（66 卷）至今，改为周刊，每卷 26 期。单期号刊载生化类和有机化学类内容，双期号刊载大分子类、应用与化工、物化与分析内容。

（5）*Handbook of Chemistry and Physics*　是美国化学橡胶公司出版的（英文）化学与物理手册。初版于 1913 年，每隔一至两年再版一次。该书内容分六个方面：数学用表、元素和无机化合物、有机化合物、普通化学、普通物理常数和其他。

（二）网上资源

1. 数据库

（1）SciFinder Scholar　数据库为 CA 的网络版数据库，收录内容比 CA 更广泛，功能更强大，检索更方便。它是世界上最大、最全面的化学和科学信息数据库，整合了 Medline 医学数据库、欧洲和美国等专利机构的全文专利资料及化学文摘 1907 年至今的所有内容。

（2）Chemistry WebBook　美国国家标准与技术研究院 NIST 的基于 Web 的物性数据库，Chemistry WebBook 可看作是 NIST 的标准参考数据 Standard Reference Data 中一部分与化学有关的数据库的 Web 版本，可通过分子式检索、化学名检索、CAS 登录号检索、电子能级检索、结构检索、分子量检索和作者检索等方法，得到气相热化学数据、浓缩相热化学数据、相变数据、反应热化学数据、气相离子能数据、离子聚合数据、气相 IR 色谱、质谱、UV/Vis 色谱、振动及电子色谱等。

（3）化学专业数据库　是中科院上海有机化学研究所承担建设的综合科技信息数据库的重要组成部分，是中科院知识创新工程信息化建设的重大专项。上海有机化学研究所的数据库群是服务于化学化工研究和开发的综合性信息系统，可以提供化合物有关的命名、结构、基本性质、毒性、谱学、鉴定方法、化学反应、医药农药应用、天然产物、相关文献和市场供应等信息。

（4）物性、质谱、晶体结构数据库　该数据库收录了有机化合物的物性、质谱、晶体结构等数据，用户经免费注册后即可以检索并下载所需要的数据。

2. 常用化学网站

（1）中国国家图书馆：http：∥www. nlc. cn

（2）中国知网：https：∥www. cnki. net

（3）万方数据资源系统：https：∥www. wanfangdata. com. cn

（4）清华大学图书馆：https：∥lib. tsinghua. edu. cn

（5）北京大学图书馆：https：∥www. lib. pku. edu. cn

（6）中国专利信息网：https：∥www. patent. com. cn

第二部分　基本技术

一、仪器的清洗与干燥

(一)玻璃仪器的清洗

化学实验中经常用到玻璃仪器，仪器洁净与否对实验结果的准确性有很大影响。因此，洗涤玻璃仪器是一项必须的化学实验准备工作。针对不同污物性质和沾污程度，可以选择不同的清洗方法。

1. 一般洗涤　实验室常用的烧杯、烧瓶、锥形瓶、量筒、表面皿、试剂瓶等玻璃器皿的清洗，可先把仪器和毛刷淋湿，然后用毛刷蘸取去污粉刷洗仪器的内、外壁，至玻璃表面的污物除去，再用自来水冲洗干净即可。

2. 洗液洗涤　移液管、容量瓶、滴定管等具有精密刻度的量器内壁不宜用刷子刷洗，也不宜用强碱性溶剂洗涤，以免损伤量器内壁而影响准确性。通常用含 0.5% 的合成洗涤剂的水溶液浸泡或将其倒入量器中晃动几分钟后弃去，再用自来水冲洗干净。

有的污垢难以洗净，可针对其性质选用适当的洗液进行洗涤，用腐蚀性洗液洗涤时不可用毛刷刷洗。如果是酸性的污垢，可用碱性洗液洗涤；反之，碱性的污垢可用酸性洗液除去。氧化性污垢可以用还原性洗液洗涤；还原性污垢可用氧化性洗液洗涤。

若污物是无机物，一般选用铬酸洗液洗涤。铬酸洗液由浓硫酸和饱和重铬酸钾溶液混合配制而成，它主要用于定量实验中如滴定管、移液管、容量瓶等仪器及形状特殊的仪器的洗涤。若污物是有机物，一般选用 $KMnO_4$ 碱性洗液洗涤。洗液具有强腐蚀性，使用时如果不慎将洗液洒在衣物、皮肤或桌面时，应立即用水冲洗。用后的洗液应倒回原瓶，可反复多次使用，多次使用后，铬酸洗液会变成绿色（Cr^{3+}）；$KMnO_4$ 洗液会变成浅红色或者无色（Mn^{2+}），底部有时会出现 MnO_2 沉淀。这时洗液已不具有强氧化性，不能再继续使用。失效的洗液应处理后倒在废液缸里，不能倒入水槽，以免腐蚀下水道和污染环境。

3. 特殊污垢的洗涤　有些仪器上常常沉积一些已知化学成分的污垢，这时就需要视污垢的性质选用合适的试剂，通过化学反应除去。例如，AgCl 沉淀，可以选用氨水洗涤，做银镜反应实验时在试管底部沉积的银可用稀硝酸除去。

如果不是十分需要，不宜盲目使用各种化学试剂和有机溶剂来清洗仪器，这样不仅造成浪费，而且还可能带来危险。

除了上述的清洗方法外，还有超声波清洗法。将需清洗的仪器放在装有洗涤剂的容器中，接通电源，利用超声波的振动，达到洗涤的目的。

日常实验中应养成玻璃器皿用毕立即清洗的习惯，因为污垢的性质在当时是清楚的，用适当的方法进行洗涤容易办到，若是放久了，将会增加洗涤的难度。

检查玻璃器皿是否洗净的方法是加水倒置，水顺着器皿壁流下，内壁被均匀湿润着一层薄的水膜，且不挂水珠，否则需要再进行洗涤，这样洗净的玻璃仪器可供一般化学实验使用。若是洗涤用于精制或有机分析的器皿，除用上述方法处理外，还必须用蒸馏水或去离子水冲洗，以除去自来水引入的杂质。用蒸馏水洗涤的办法应采用"少量多次"的原则，一般用洗瓶将蒸馏水均匀地喷射在仪器内壁并不断地转动仪器，再将水倒掉。如此重复 2~3 次即可。

(二)玻璃仪器的干燥

有些仪器洁净后即可使用，但有些化学实验所需仪器必须是干燥的。例如，容量分析中的非水滴定、一些有机化学实验所用玻璃仪器等；仪器的干燥与否，有时是实验成败的关键。干燥的方法有以下几种。

(1)晾干　对不急用的仪器，洗净后倒立放置在适当仪器架上，让其在常温下自然干燥。

(2)烘干　把洗净的玻璃仪器放入电热恒温干燥箱内烘干。放入前先将水沥干，无水珠下滴时，将仪器口向上，放入烘箱内，并且是自上而下依次放入，将烘箱温度调节为 105~110℃，烘 1 小时左右。带有磨口玻璃塞的仪器，烘干时必须取出玻璃塞，玻璃仪器上附带的橡胶制品在放入烘箱前也应取下。有时也可将仪器放入托盘内。

烘箱工作时，不能往上层放入湿的器皿，以免水滴下落，使热的器皿骤冷而破裂。仪器烘干后，要待烘箱内的温度降低后才能取出，取玻璃仪器时，要注意防止烫伤。切不可将很热的玻璃仪器取出直接接触冷水、瓷板等低温台面或冷的金属表面，以免骤冷使之破裂。

(3)吹干　将洗净的玻璃仪器中的水倒尽后放在气流干燥器上用冷、热风吹干或用吹风机把仪器吹干。

(4)有机溶剂干燥　该法适用于仪器洗涤后需要立即干燥使用的情况。将洗净的玻璃仪器中的水尽量沥干，加入少量 95% 的乙醇摇洗并倾出，再用少量丙酮摇洗一次(需要的话最后再用乙醚摇洗)，然后用电吹风冷风吹 1~2 分钟(有机溶剂蒸气易燃烧和爆炸，故应先吹冷风)，待大部分溶剂挥发后，再用热风吹至完全干燥，最后再用冷风吹去残余蒸气，以免又冷凝在容器内，并使仪器逐渐冷却。

需要注意的是，带有刻度的计量仪器不可用加热的方法进行干燥，以免影响仪器的精密度。具有挥发性、易燃性、腐蚀性的物质不能放入烘箱。用乙醇、丙酮淋洗过的仪器不能放入烘箱，以免发生爆炸。磨口玻璃仪器和带有活塞的仪器洗净后放置时，应该在磨口处和活塞处(如容量瓶、酸式滴定管等)垫上小纸片，以防止长期放置后黏上不易打开。

二、试剂的取用

实验用固体试剂一般装在广口瓶中，液体试剂或配成的溶液则盛放在试剂瓶(细口瓶)或带有滴管的滴瓶中。见光易分解的试剂(如硝酸银)应盛放在棕色瓶内。试剂瓶上必须贴有标签，注明试剂的名称、规格和浓度，必要时要注明配制日期。标签外面涂一薄层蜡或用透明胶带保护。

化学试剂取用的原则是在用量合适的同时保证试剂不受污染。

取用药品前要看清标签。取用时，注意勿使瓶塞污染。如果瓶塞的顶是扁平的，取出后可倒置在桌上；如果不是扁平的，可用示指和中指将瓶塞夹住或放在洁净的表面皿上，绝不可将瓶塞直接放在桌上。

(一)固体试剂的取用

取固体试剂要使用干净的药匙(有塑料、不锈钢或牛角的)，药匙不能混用。实验后洗净、晾干，下次再用，避免污染药品。如果要将固体加入湿的或口径小的试管中时，可先用一窄纸条(也可用药匙小头)，用药匙将固体药品放在纸条上(或药匙小头上)，然后平持试管，将载有药品的纸条(或药匙小头)插入试管，让固体慢慢滑入试管底部(图 2-1)。

要严格按量取用药品。"少量"固体试剂，对一般常量实验大约为小米粒大小的体积，对微型实验为常量的 1/10~1/5 体积。多取试剂不仅浪费，还会对实验结果造成一定的影响。

图 2-1 用纸条或药匙往试管里送固体

需要称量的固体试剂，可放在称量纸上称量；对于有腐蚀性、强氧化性、易潮解的固体试剂，要用小烧杯、称量瓶、表面皿等装载后进行称量。根据称量精确度的要求，可分别选择台秤、电子秤或天平称量固体试剂。用称量瓶称量时，可用减量法操作。

(二)液体试剂的取用

液体试剂一般用量筒量取或用滴管吸取。

1. 从滴瓶中取用试剂 从滴瓶中取试剂时，应先将滴管提起离开液面，挤捏橡皮头赶出空气，再插入溶液中吸取试剂。滴加溶液时滴管要在接收容器口的正上方，滴管口应距接收容器口(如试管口)5mm 左右，这样可避免滴管与容器的器壁接触而使滴管及滴瓶内的试剂受到污染(图 2-2)。

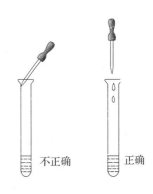

如果需要从滴瓶中取出较多溶液时，可直接倾倒。先排出滴管内的液体，然后把滴管夹在示指和中指间倒出所需量的试剂。滴管不能倒持，以防试剂腐蚀胶帽使试剂受到污染。不能用自己的滴管取公用试剂，如试剂瓶不带滴管又需取少量试剂，可把试剂按需要量倒入小试管中，再用自己的滴管取用。

不正确　　正确

图 2-2 用滴管加液体

2. 从细口瓶中取用试剂 从细口瓶中取用试剂时，常用倾注法。先将瓶塞反放在桌面上，倾倒时瓶上的标签要朝向手心(如果两面有标签时，则标签在两侧，溶液从中间流过)，以免瓶口残留的少量液体顺瓶壁流下而腐蚀标签。瓶口靠紧容器，使倒出的试剂沿玻璃棒或容器壁流下(图 2-3)。倒出需要量后，慢慢竖起试剂瓶，使流出的试剂都流入容器中，一旦有试剂流到瓶外，要立即擦净。切忌污染标签。

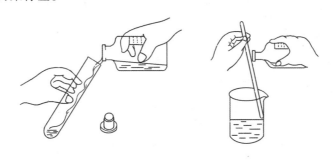

图 2-3 向试管、烧杯中加入液体

3. 试剂的取用量 在试管实验中要注意试剂的取用量。所谓"少量"溶液，是一种估计体积，对常量实验一般指 0.5~1.0ml，对微型实验一般指 3~5 滴，根据实验的要求灵活掌握。要会估计 1ml 溶液在试管中占的体积或由滴管所需滴加的滴数(滴头大约 15 滴，滴头小约 20 滴)。

若需准确量取溶液，则根据准确度和量的要求，可选用量筒、吸量管、移液管或滴定管等，具体使用方法见本书仪器的使用部分。

使用吸量管或滴定管移取溶液时应当注意在同一实验中应尽可能使用同一吸量管或滴定管的同一部位。

（三）试剂取用的注意事项

化学药品、试剂的使用应注意以下问题。

（1）药品应按规定量取用，如果书中未标明用量，应注意节约，尽量少用。

（2）取用固体药品时，注意勿使其撒落在实验台上。

（3）药品自瓶中取出后，不应倒入原瓶中，以免引入杂质而引起瓶中药品变质。

（4）试剂瓶使用过后，应立即盖上塞子，并放回原处，以免和其他试剂瓶上的塞子混淆，污染试剂。

（5）各种试剂和药品，严禁拿到自己实验台上。

（6）使用有机溶剂和挥发性强的试剂，应在通风良好的地方或在通风橱内进行。任何情况下，都不允许用明火直接加热有机溶剂。

（7）实验后要回收的药品，应倒入指定回收瓶中，并贴好标签。

三、溶液的配制

（一）一般溶液的配制方法

配制一般溶液常用的方法有三种：直接水溶法、介质水溶法、稀释法。

1. 直接水溶法 对于易溶于水而不水解或者水解程度较小的固体试剂，例如 NaOH、NaCl、NaAc、KNO$_3$ 等，在配制其水溶液时，可先计算出配制一定浓度、一定体积的溶液所需固体试剂的质量，然后用台秤称取所需量的试剂放于小烧杯中，加少量蒸馏水使其溶解，再稀释至所需体积，搅拌均匀后转移至试剂瓶中。

2. 介质水溶法 易水解的固体试剂，例如 SnCl$_2$、FeCl$_3$、Bi(NO$_3$)$_3$、KCN 等，在配制其水溶液时，根据所需溶液的浓度和体积，用台秤称取一定质量的固体试剂放于小烧杯中，然后加入适量一定浓度的相应酸液或碱液，使其溶解，再用蒸馏水稀释至所需体积，搅拌均匀后转移至试剂瓶中。

3. 稀释法 液体试剂如硫酸、硝酸、磷酸、盐酸、醋酸等，在配制其水溶液时，根据所配溶液的浓度和体积，先用量筒量取所需体积的浓溶液，再用蒸馏水稀释至所需体积。需特别注意，配制稀硫酸溶液时，应在不断搅拌下将浓硫酸缓慢地加入盛水的容器中，切不可将操作顺序倒过来进行。

（二）标准溶液的配制方法

已知准确浓度的溶液称为标准溶液。化学实验中标准溶液的配制方法可分为直接法和间接法。能用于直接法配制标准溶液或标定溶液浓度的物质，称为基准物质或基准试剂。它应具备以下条件：组成与化学式完全相符、纯度足够高、储存稳定、参与反应时按化学式定量进行。例如，碳酸钠、草酸、重铬酸钾等。

1. 直接法 在分析天平上准确称取（称准至 0.1mg）一定量的基准试剂于烧杯中，加少量蒸馏水使其溶解后，转入容量瓶中，用蒸馏水洗涤烧杯数次，直至试剂全部转入容量瓶中，再用蒸馏水稀释至刻度，摇匀。其标准浓度可由称量数据及容量瓶的体积求得。

2. 标定法 对于不符合基准试剂要求的物质，不能用直接法配制其标准溶液。但可以先配制成近似所需浓度的溶液，然后用基准试剂或已知准确浓度的标准溶液标定它的浓度。例如做滴定剂用的盐酸或氢氧化钠溶液，通常先配制成大约 0.1mol/L 的浓度，准确至 1~2 位有效数字即可；方法是用量筒量取液体或在台秤上称取固体试剂，加入的溶剂（如蒸馏水）用量筒或量杯量取即可。但是在标定溶液的整个过程中，一切操作要求严格、准确。所有与标准溶液有关的，要参加浓度计算的体积均要用容量瓶、移液管、滴定管准确操作，不能马虎。

有时也用稀释法配制标准溶液。一些浓度较低的溶液需要的溶质很少，在一般分析天平上称量，相对称量误差会很大。因此常常采用先配制储备标准溶液，然后再稀释至所要求的标准溶液浓度的方法。需要通过稀释法配制标准溶液时，可根据需要用移液管准确吸取一定体积的浓溶液于容量瓶中，加水稀释至刻度即可。由储备液配制成操作溶液时，原则上只稀释一次，必要时可稀释两次。稀释次数太多累积误差增大，影响分析结果的准确度。

配制溶液时，应根据实验对准确度的要求，确定称量天平的等级、量取液体的精度、贮存溶液的容器等。"量"的概念要很明确，且应严格执行，否则可能导致错误。配制溶液时，要合理选择试剂的级别，不许超规格使用试剂，以免造成浪费。配好的溶液贮于试剂瓶中，应贴好标签，注明溶液的浓度、名称、配制日期及标定日期。

四、试纸的使用

（一）pH 试纸

pH 试纸是用多色阶混合酸碱指示剂溶液浸渍滤纸制成的。能对不同的 pH 显示一系列不同的颜色。常用的 pH 试纸可以检验气体或液体的酸碱性。

pH 试纸有两类：一类是广泛 pH 试纸，其变色范围为 pH 1～14，用来粗略地检验 pH；另一类是精密 pH 试纸，用于比较精确地检验 pH，精密 pH 试纸的种类很多，可根据不同的需求选用。广泛 pH 试纸的变化为 1 个 pH 单位，而精密 pH 试纸的变化小于 1 个 pH 单位。

用 pH 试纸检验溶液的酸碱性时，一般是将小块 pH 试纸放在干燥清洁的点滴板上，用洁净玻璃棒蘸取待测溶液，滴在试纸上，观察试纸的颜色变化（不能将试纸投入溶液中检验），将试纸所呈现的颜色与标准色板颜色比较，即可知道溶液的 pH。

用 pH 试纸检测气体的酸碱性时，一般先用蒸馏水把试纸润湿，并黏附在干净玻璃棒的尖端，用玻璃棒把试纸放到盛有待测气体广口瓶的瓶口或产生气体的试管口上方，观察试纸颜色变化，不可用润湿试纸接触所检测气体的瓶口、试管口或瓶内溶液。

（二）石蕊试纸

石蕊试纸是将滤纸浸渍于含石蕊试剂的溶液中浸泡后取出晾干制成，是检验溶液酸碱性常用的方式之一。石蕊试纸分为红色石蕊试纸和蓝色石蕊试纸两种。红色试纸遇碱性溶液变蓝，蓝色试纸遇酸性溶液变红。由于受到变色范围的影响，用石蕊试纸测试近中性溶液时准确性较差。

（三）醋酸铅试纸

醋酸铅试纸是将滤纸浸于醋酸铅溶液中，取出晾干后制得。它主要用于检验硫化氢气体。润湿的醋酸铅试纸遇到硫化氢气体时，生成硫化铅。白色的试纸立即变黑，化学反应方程式如下。

$$Pb(CH_3COO)_2 + H_2S \xrightarrow{\quad\quad} PbS\downarrow + 2CH_3COOH$$

醋酸铅试纸检验硫化氢气体灵敏度很高。在保存时必须放置于干净密封的广口试剂瓶里。使用时要用干净的镊子夹取，试纸用水润湿后要立即悬放在释放硫化氢气体的容器中。

（四）碘化钾淀粉试纸

碘化钾淀粉试纸是把滤纸浸入含有碘化钾的淀粉液中浸泡后取出晾干制成的白色试纸。碘化钾中的碘离子具有弱的还原性，能被体系中的氧化剂（氯气/二氧化氮/溴/臭氧等）氧化而释出游离的碘，与淀粉作用而呈蓝色。因此，湿润的碘化钾淀粉试纸可用来检验氯和亚硝酸等氧化剂的存在。

五、沉淀的分离

在无机制备、固体物质提纯过程中，经常用到沉淀的分离和洗涤等基本操作，分离方法有倾析法、过滤法、离心分离法等，现将不同分离方法分述如下。

图 2 - 4　倾析法

(一)倾析法

当沉淀的相对密度较大或晶体的颗粒较大时，静置后能很快沉降至容器的底部，常用倾析法进行分离和洗涤。倾析法操作如图 2 - 4 所示，将沉淀上部的溶液倾入另一容器中而使沉淀与溶液分离。如需洗涤沉淀时，只要向盛沉淀的容器内加入少量洗涤液，将沉淀和洗涤液充分搅拌均匀，放置一会儿，待沉淀沉降到容器的底部后，再用倾析法倾去溶液。如此反复操作两三遍，即能将沉淀洗净。

(二)过滤法

过滤时，应考虑各种因素的影响而选用不同方法。通常热的溶液黏度小，比冷的溶液容易过滤，一般黏度愈小，过滤愈快。减压过滤因产生负压故比在常压下过滤快。过滤器(滤纸)的孔隙大小有不同规格，应根据沉淀颗粒的大小和状态选择使用。孔隙太大，小颗粒沉淀易透过，孔隙太小，又易被小颗粒沉淀堵塞，使过滤难以继续进行。如果沉淀是胶状的，可在过滤前加热破坏，以免胶状沉淀透过滤纸。

常用的过滤方法有常压过滤(普通过滤)、减压过滤(吸滤)和热过滤三种。

1. 常压过滤　此法最为简单、常用。选用的漏斗大小应以能容纳沉淀为宜。滤纸有定性滤纸和定量滤纸两种，根据需要选择使用。在无机定性实验中常用定性滤纸。

滤纸的折叠：折叠滤纸前应先把手洗净擦干，以免弄脏滤纸。按四折法折成圆锥形(图 2 - 5)。滤纸锥体一个半边为三层，另一个半边为一层。为了使滤纸和漏斗内壁贴紧而无气泡，常在三层厚的外层滤纸折角处撕下一小块，此小块滤纸保存在洁净干燥的表面皿上，以备擦拭烧杯中残留的沉淀用。滤纸应低于漏斗边缘 0.5 ~ 1cm。滤纸放入漏斗后，用手按紧使之密合。然后用洗瓶加少量水润湿滤纸，轻压滤纸赶去气泡，加水至滤纸边缘。这时漏斗颈内应全部充满水，形成水柱。在化学实验中会经常用到另一种折叠滤纸，这种滤纸有效表面积大、过滤速度快。由于外形像菊花，故称为菊花形滤纸(图 2 - 6)。菊花形滤纸的折叠方法为：先将滤纸对折，然后再对折成 4 等份；展开成半圆，将 2 与 3 对折出 4，1 与 3 对折出 5，如图 2 - 6A；2 与 5 对折出 6，1 与 4 对折出 7，如图 2 - 6B；2 与 4 对折出 8，1 与 5 对折出 9，如图 2 - 6C。这时，折好的滤纸边全部向外，角全部向里，如图 2 - 6D；再将滤纸反方向折叠，相邻的两条边对折即可得到图 2 - 6E 的形状；然后将图 2 - 6F 中的 1 和 2 向相反的方向折叠一次，可以得到一个完好的折叠滤纸如图 2 - 6G。

将准备好的漏斗放在漏斗架上，漏斗下面放一承接滤液的洁净烧杯，其容积应为滤液总量的 5 ~ 10 倍，并斜盖一表面皿。漏斗颈口(长的一边)紧贴杯壁，使滤液沿烧杯壁流下。漏斗放置位置的高低，以漏斗颈下口不接触滤液为度。在同时进行几份平行测定时，应把装有待滤溶液的烧杯分别放在相应的漏斗之前，按顺序过滤。

2. 减压过滤　也叫抽滤，此法可加速过滤，并使沉淀抽吸得较干燥。但不宜用于过滤胶状沉淀和颗粒太小的沉淀，因为胶状沉淀在快速过滤时易透过滤纸。颗粒太小的沉淀易在滤纸上形成一层密实的沉淀，溶液不易透过，装置如图 2 - 7 所示。

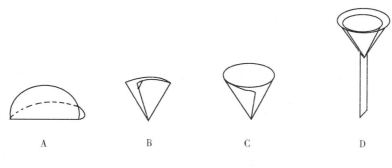

图 2-5　滤纸的折叠与放置

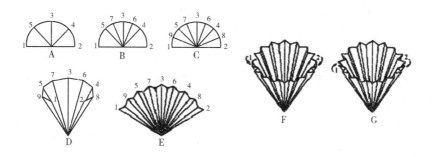

图 2-6　菊花形滤纸的折叠

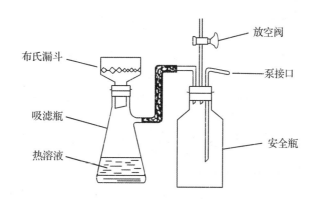

图 2-7　减压抽滤装置

漏斗颈插入单孔橡皮塞，与抽滤瓶相接。应注意漏斗颈下方的斜口要对着抽滤瓶的支管口，还应注意橡皮塞插入吸滤瓶内的部分不得超过塞子高度的 2/3 。吸滤操作如下。

（1）按图 2-7 装置装好仪器后，将滤纸放入布氏漏斗内，滤纸大小应略小于漏斗内径又能将全部瓷孔盖严为宜。用蒸馏水润湿滤纸，打开水泵抽气，使滤纸紧贴在漏斗底部瓷板上。

（2）用倾析法先转移溶液，再将晶体或沉淀转入漏斗进行抽滤，溶液量不应超过漏斗容量的 2/3。

（3）注意观察吸滤瓶内液面高度，当快达到支管口位置时，应拔掉吸滤瓶上的橡皮管，从吸滤瓶上口倒出溶液，不要从支管口倒出，以免弄脏溶液。

（4）洗涤沉淀时，先拔下连接水泵和吸滤瓶的橡皮管，在沉淀上滴加洗涤液，使其润湿所有沉淀后，再连接水泵，抽掉洗涤剂，这样被洗产品损失少，容易洗净。

（5）吸滤完毕或中间需停止吸滤时，应注意需先拔下连接水泵和吸滤瓶的橡皮管，然后关闭水泵，以防倒吸。

3. 热过滤　某些溶质在溶液温度降低时，易成晶体析出，为了滤除这类溶液中所含的其他难溶性杂质，通常使用热滤漏斗进行过滤(图2-8)，防止溶质结晶析出。过滤时，把玻璃漏斗放在铜质的热滤漏斗内，热滤漏斗内装有热水(水不要太满，以免水加热至沸后溢出)以维持溶液的温度。也可以事先把玻璃漏斗在水浴上用蒸气加热后再使用。热过滤选用的玻璃漏斗颈越短越好。

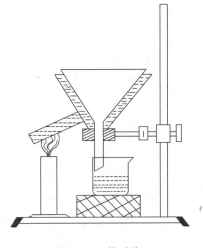

图2-8　热过滤

(三)离心分离法

当被分离的沉淀量很少时，应采用离心分离法，其操作简单而快速。实验室常用离心机(图2-9)进行离心分离，操作时，把盛有混合物的离心管(或小试管)放入离心机的套管内，同时在此套管的相对位置放一同样大小的试管，内装与混合物等重量的水，以保持转动平衡。由于离心作用，沉淀紧密地聚集于离心管的尖端，上方的溶液是澄清的。离心完毕，可用滴管小心地吸出上方清液(图2-10)，也可将其倾出。如果沉淀需要洗涤，可以加入少量的洗涤液，用玻璃棒充分搅动，再进行离心分离，如此重复操作两三遍即可。

图2-9　离心机

图2-10　用滴管吸出上层清液

六、蒸发、结晶

(一)蒸发

当物质的溶解度较大而溶液又较稀时，为了得到较浓溶液或晶体，常采用加热的方法使溶剂不断蒸发，达到浓缩或析出晶体的目的。溶液的蒸发浓缩可在烧杯、蒸发皿或坩埚中进行。若需蒸发至干时，应在近干时停止加热，让残液依靠余热自行蒸干。溶液蒸干后得到的固体若需强烈灼烧，应在坩埚中进行。将蒸发皿或烧杯放在石棉网中央，置于电炉或煤气灯上缓慢均匀加热，以免溶液溅出。蒸发皿受热面积大，有利于溶剂的快速蒸发，蒸发皿中所盛液体的量不能超过其容量的2/3，可以随溶剂的蒸发而逐渐添加；注意不要使蒸发皿骤冷，防止炸裂。一些有机溶剂的蒸发不能用明火直接加热，可在水浴锅中进行；蒸发过程中不断用搅拌棒刮下液面边缘上的固体；蒸发溶液时应缓慢进行，不能加热至沸腾；若物质的溶解度随温度变化较小时，应加热到溶液表面出现晶膜时，停止加热。若物质的溶解度随温度变化较大或物质的溶解度较小，降温后易析出晶体，不必蒸发至出现晶膜就停止加热、进行冷却。

(二)结晶

1. 溶液结晶　结晶是提纯固态物质的重要方法之一。通常有两种方法，一种是蒸发法，即通过蒸发或气化，减少一部分溶剂使溶液达到饱和而析出晶体，此法主要用于溶解度随温度改变而变化不大的物质。另一种是冷却法，即通过降低温度使溶液冷却达到饱和而析出晶体，这种方法主要用于溶解度随温度下降而明显减小的物质,有时需将两种方法结合使用。

2. 重结晶 假如第一次得到的晶体纯度不符合要求,可将所得晶体溶于少量溶剂中,然后进行蒸发(或冷却)、结晶、分离,如此反复的操作称为重结晶。有些物质的纯化,需经过几次重结晶才能完成,由于每次母液中都含有一些溶质,所以应收集起来,加以适当处理,以提高产率。

3. 显微结晶 是利用晶体的特征晶形,通过在显微镜下观察反应生成的晶体形状来鉴定离子是否存在的方法。

操作方法如下:在干燥的显微镜载片上,相距2cm左右各滴试液与试剂一滴,然后用玻璃棒沟通,使试剂与试液发生缓慢的反应,形成结晶后在显微镜下观察。观察晶形时,应将过多的溶液用滤纸吸去。

如果溶液浓缩后才能结晶,则必须使溶液在载片上受热蒸发。操作方法是:先滴1滴试液于载片的中央,然后用试管夹夹住载片的一端使其受热,缓慢蒸发至干,冷却后在残渣上加一滴试剂,过些时间就会生成晶体。观察生成的晶体须用显微镜。

七、干燥技术

干燥是指除去吸附在固体、气体或混在液体中的少量水分和溶剂。化合物在测定其物理常数及进行分析前都必须进行干燥,否则会影响结果的准确性。某些反应需要在无水条件下进行,原料和溶剂也需干燥。所以,在化学实验中试剂和产品的干燥具有十分重要的意义。

干燥方法分为物理方法和化学方法。常用的物理方法有加热、吸附、分馏等。化学方法是利用适当的干燥剂进行脱水,其脱水作用可分为两类:一类是干燥剂能与水可逆地结合生成水合物,如浓硫酸、无水硫酸铜、无水硫酸钠、无水氯化钙等。因干燥剂与水的结合是可逆的,温度高时水合物不稳定,所以在蒸馏前,必须先将此类干燥剂滤除。另一类干燥剂与水结合生成新的化合物,是不可逆的,如金属钠、氧化钙、五氧化二磷等。这一类干燥剂蒸馏前可以不必滤除。

(一)固体的干燥

1. 晾干 将固体物质摊开在空气中晾干,这是最方便、经济的方法。

2. 烘干 对于热稳定的固体,并且其蒸气没有腐蚀性,可以在电热恒温干燥箱中进行干燥(干燥箱的温度调节要低于该物质的熔点约20℃左右进行干燥);或用红外线快速干燥箱干燥,但要注意被干燥物质与红外灯之间的距离,以免温度太高使被干燥物质熔化。对于高温下易分解、易氧化的固体,可以在真空干燥箱中进行干燥。

3. 干燥器干燥 干燥器有普通干燥器、真空干燥器等。

应在干燥器盖与缸之间的磨砂处涂上凡士林,便于盖与缸紧密吻合。缸中有多孔瓷板,下面放干燥剂,上面放被干燥的物质。根据固体表面所带的溶剂选择干燥剂。如氧化钙(生石灰)用于吸收水或酸,无水氯化钙吸收水和醇,氢氧化钠吸收水和酸,石蜡吸收石油醚等,所选用的干燥剂不能与被干燥的物质反应。为了更好地干燥,也可用浓硫酸或五氧化二磷作为干燥剂。

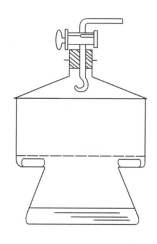

真空干燥器的盖上带有活塞,可以和真空泵相连,降低干燥器内的压力。在减压情况下干燥,可以提高干燥效率。活塞下端呈弯钩状,口向上,防止和大气相通时因空气流入太快将固体冲散。开启盖前,必须先旋开活塞,使内外压力相等,方可打开(图2-11)。

图2-11 干燥真空箱

(二)气体的干燥

气体的干燥一般是将干燥剂装在洗气瓶或干燥管内，让气体通过即可达到干燥的目的。常用的干燥剂有浓硫酸、碱石灰、无水氯化钙等，可以根据"酸碱不搭配、中性无所谓"的原则选取，避免干燥剂与被干燥的气体发生反应。

实验室常见的干燥装置有洗气瓶、球形干燥管、U形管(图2-12)。

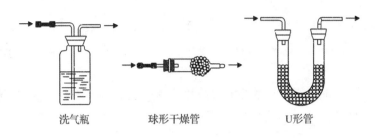

洗气瓶　　　　　球形干燥管　　　　　U形管

图2-12　干燥装置

洗气瓶中盛放的是液体干燥剂，一般是浓硫酸，使用洗气瓶时要注意被干燥的气体从长导管进入，从短导管排出，让气体从干燥剂中通过。球形干燥管和U型管中盛放的是固体干燥剂，使用球形干燥管时让气体从较粗的一端进入，从较细的一端排出，这样可以使气体流速慢些，干燥的更充分。

(三)液体的干燥

液体有机物中含有的少量水分通常是用固体干燥剂除去。选用的干燥剂应符合下列条件：①干燥剂与被干燥的有机物不发生反应；②干燥剂不溶于被干燥的有机物中；③干燥剂干燥速度快，吸水量大(吸水量是指单位质量干燥剂所吸收的水量)，价格低廉。

液体干燥的常用方法如下：取一个大小合适的洁净干燥锥形瓶，放入被干燥的液体，加入适量的干燥剂，塞好塞子，摇荡，然后静置一定的时间。使用干燥剂时应注意用量适当，否则干燥得不完全或被干燥物质过多地吸附在干燥剂的表面上而造成损失。在实际操作时，可先少加一些，振摇放置片刻后，如果干燥剂有潮解现象，则再补加干燥剂；如果出现少量水层，则必须用滴管将水层吸去，再加入一些干燥剂。一般干燥30分钟以上，如果时间允许，最好过夜干燥。干燥后的溶液进行过滤，即可除去干燥剂。

1. 无水氯化钙　吸水能力强，吸水后形成 $CaCl_2 \cdot 6H_2O$(30℃以下)，价廉，所以在实验室中被广泛地应用。但无水氯化钙吸水速度不快，因而干燥的时间较长。氯化钙能水解生成碱式氯化钙、氢氧化钙，因此无水氯化钙不宜用作酸性物质的干燥剂。同时又由于无水氯化钙易与醇、胺以及某些醛、酮、酯生成配合物，因而也不宜于作上述物质的干燥剂。

2. 无水硫酸镁　干燥作用快，价格不贵，是良好的中性干燥剂，吸水后能形成 $MgSO_4 \cdot nH_2O$(n=1、2、4、5、6、7)，可用来干燥不能用其他干燥剂干燥的有机物，如醇、醛、酸、酯等。

3. 无水硫酸钠　吸水量大，吸水后形成 $Na_2SO_4 \cdot 10H_2O$(32.4℃以下)，本身为中性盐，对酸性或碱性物质都无作用，使用范围也广，但吸水速度较慢，而且最后残留的少量水分不易吸收。

4. 无水碳酸钾　吸水能力中等，能形成 $K_2CO_3 \cdot H_2O$，作用较慢，碱性，适用于干燥中性有机物如醇类、酮类和腈类及碱性有机胺类等。

5. 固体氢氧化钠、氢氧化钾　主要用于干燥胺类，使用范围有限。

6. 金属钠　用无水氯化钙处理后的烃类、醚类等，常用金属钠除去其中的微量水。

八、基本度量仪器的使用

1. 量筒　是化学实验室中最常用的度量液体的仪器。它有多种不同的规格，可根据需要选用。例如，量取 8.0ml 液体时，选用 10ml 量筒为宜(测量误差为 ±0.1ml)，如果选用 100ml 量筒量取 8.0ml 液体体积，则误差较大(至少有 ±1ml 的误差)。

读取刻度时，要使视线与量筒内液面(半月形弯曲面)的最低点处于同一水平线上，否则会增加体积的测量误差。注意量筒不能作反应器用，不能装热的液体，也不能在量筒里配制溶液。

2. 滴定管　是准确测量溶液体积的量出式量器，它是具有精确刻度、内径均匀的细长玻璃管。常量分析的滴定管容量有 50ml 和 25ml，最小刻度为 0.1ml，读数可估计到 0.01ml。另外还有容量为 10、5、2、1ml 的半微量和微量滴定管。

常用滴定管主要有酸式滴定管[图 2-13(a)]、碱式滴定管[图 2-13(b)]及酸碱通用型滴定管[图 2-13(c)]。酸式滴定管下端有玻璃活塞开关，它用来装酸性溶液和氧化性溶液及盐类溶液，不宜盛碱性溶液。碱式滴定管的下端连接一乳胶管，管内有玻璃珠以控制溶液的流出，乳胶管的下端再连一尖嘴玻璃管[图 2-13(d)]。凡是与乳胶管起反应的氧化性溶液，如 $KMnO_4$、I_2 等，都不能装在碱式滴定管中。酸碱通用型滴定管与酸式滴定管相似，旋塞由聚四氟乙烯材料构成，耐腐蚀、密封性好，适用于酸性、碱性及强氧化性物质的滴定。

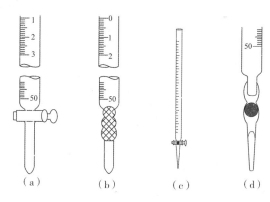

图 2-13　各式滴定管

(1)使用前的准备　检查滴定管的密合：酸式滴定管磨口旋塞是否密合是滴定管的质量指标之一。其检查的方法是将旋塞用水润湿后插入活塞内，管中充水至最高标线，用滴定管夹将其固定。密合性良好的滴定管，15 分钟后漏水不应超过 1 个分度(50ml 滴定管为 0.1ml)。

1)旋塞涂油　可起密封和润滑作用，最常用的是凡士林油。方法：将滴定管平放在台面上，抽出旋塞，用滤纸将旋塞及塞槽内的水擦干，用手指蘸少许凡士林在旋塞的两侧涂上薄薄的一层(图 2-14)。在旋塞孔的两旁少涂一些，以免凡士林堵住塞孔。另一种涂油的方法是分别在旋塞粗的一端和塞槽细的一端内壁涂一薄层凡士林。涂好凡士林的旋塞插入旋塞槽内，沿同一方向旋转旋塞，直到旋塞部位的油膜均匀透明(图 2-14)。如发现转动不灵活或旋塞上出现纹路，表示油涂得不够；若有凡士林从旋塞缝挤出，或旋塞孔被堵，表示凡士林涂得太多。遇到这些情况，都必须把旋塞和塞槽擦干净后重新处理。应注意：在涂油过程中，滴定管始终要平放、平拿，不要直立，以免擦干的塞槽又沾湿。涂好凡士林后，用乳胶圈套在旋塞的末端，以防活塞脱落破损。酸碱通用型滴定管的聚四氟旋塞具有弹性，可通过调节旋塞尾部的螺帽，从而调节旋塞与旋塞套间的紧密度，无须涂凡士林油进行密封和润滑。

2)滴定管试漏　试漏的方法是将旋塞关闭，管中充水至最高刻度，然后将滴定管垂直夹在滴定管架

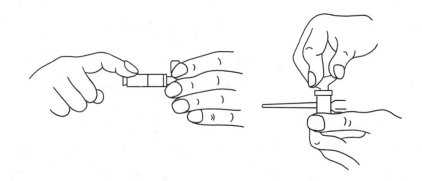

图 2-14 旋塞涂油

上，放置2分钟，观察尖嘴口及旋塞两端是否有水渗出；将旋塞转动180°，再放置2分钟，若前后两次均无水渗出，旋塞转动也灵活，即可洗净使用。碱式滴定管应选择合适的尖嘴、玻璃珠和乳胶管（长约6cm），组装后应检查滴定管是否漏水，液滴是否能灵活控制。如不合要求，则需重新装配。酸碱通用型滴定管试漏方法与酸式滴定管相同，漏水问题可通过调节旋塞松紧度解决，否则，需更换滴定管。

3）装入溶液 在装入操作溶液时，应由贮液瓶直接加入，不得借用任何别的器皿，如漏斗或烧杯，以免操作溶液的浓度改变或被污染。装入前应先将贮液瓶中的操作溶液摇匀，使凝结在瓶内壁的水珠混入溶液。为除去滴定管内残留的水膜，确保操作溶液的浓度不变，应用该溶液荡洗滴定管2~3次，每次用量为5~10ml。荡洗的操作要求是：先关好旋塞，倒入溶液，两手平端滴定管，即右手拿住滴定管上端无刻度部位，左手拿住旋塞无刻度部位，边转边向管口倾斜，使溶液流遍全管，然后打开滴定管的旋塞，使荡洗液由下端流出。荡洗之后，随即装入溶液。用左手拇指、中指和示指自然垂直地拿住滴定管无刻度部位，右手拿贮液瓶，将溶液直接加入滴定管至最高标线以上。

装满溶液的滴定管，应检查滴定管尖嘴内有无气泡，如有气泡，必须排出。对于酸式滴定管和酸碱通用型滴定管，可用右手拿住滴定管无刻度部位使其倾斜约30°，左手迅速打开旋塞，使溶液从尖嘴快速冲出，将气泡带走；对于碱式滴定管，可把乳胶管向上弯曲，出口上斜，挤捏玻璃珠右上方，使溶液从尖嘴快速冲出，即可排出气泡（图2-15）。

图 2-15 除去碱式滴定管乳胶管中的气泡

4）正确读数 将装满溶液的滴定管垂直地夹在滴定管架上。由于附着力和内聚力的作用，滴定管内的液面呈弯月形。无色水溶液的弯月面比较清晰，而有色溶液的弯月面清晰程度较差。因此，两种情况的读数方法稍有不同。为了正确读数，应遵守下列原则。

读数时滴定管应垂直放置，注入溶液或放出溶液后，需等待1~2分钟后才能读数。无色溶液或浅色溶液，应读弯月面下缘实线的最低点。为此，读数时，视线应与弯月面下缘实线的最低点在同一水平上，[图2-16(a)]。有色溶液，如 $KMnO_4$、I_2 等，视线应与液面两侧的最高点相切[图2-16(b)]。

滴定时，最好每次从0.00ml开始，或从接近"0"的任一刻度开始，这样可以固定在某一体积范围内量度滴定时所消耗的标准溶液，减少体积误差。读数必须准确至0.01ml。

为了协助读数，可采用读数卡。这种方法有利于初学者练习读数。读数卡可用黑纸或用一中间涂有一黑长方形（约3cm×1.5cm）的白纸制成。读数时，将读数卡放在滴定管背后，使黑色部分在弯月面下约1mm处，此时即可看到弯月面的反射层成为黑色，然后读此黑色弯月面下缘的最低点[图2-16

（c）]，读数应准确到 0.01ml。

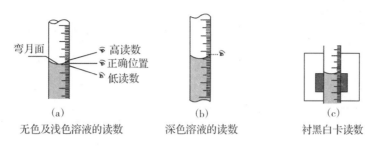

(a)	(b)	(c)
无色及浅色溶液的读数	深色溶液的读数	衬黑白卡读数

图 2-16 滴定管的读数

（2）滴定操作 酸式滴定管使用时（图 2-17），应用左手控制滴定管旋塞，大拇指在前，示指和中指在后，手指略微弯曲，轻轻向内扣住旋塞，手心空握，以免碰旋塞使其松动，甚至可能顶出旋塞导致漏液。右手握持锥形瓶，边滴边摇动，向同一方向做圆周旋转，而不能前后振动，否则会溅出溶液。滴定速度一般为 10ml/min，即每秒 3~4 滴。临近滴定终点时，应一滴或半滴地加入，并用洗瓶吹入少量水冲洗锥形瓶内壁，使附着的溶液全部流下，然后摇动锥形瓶。如此继续滴定至终点为止。

碱式滴定管使用时（图 2-18），左手拇指在前，示指在后，捏住乳胶管中的玻璃球所在部位稍上处，向手心捏挤乳胶管，使其与玻璃球之间形成一条缝隙，溶液即可流出。应注意，不能捏挤玻璃球下方的乳胶管，否则易进入空气形成气泡。为防止乳胶管来回摆动，可用中指和无名指夹住尖嘴的上部。

酸碱通用型滴定管使用时，其操作方法与酸式滴定管操作方法相似。

滴定通常在锥形瓶中进行，必要时也可以在烧杯中进行（图 2-19）。对于滴定碘法、溴酸钾法等，则需在碘量瓶中进行反应和滴定。碘量瓶是带有磨口玻璃塞与喇叭形瓶口的锥形瓶。槽中加入蒸馏水可形成水封，防止瓶中反应生成的气体（I_2、Br_2 等）逸出。反应完成后，打开瓶塞，水即流下并可冲洗瓶塞和瓶壁。

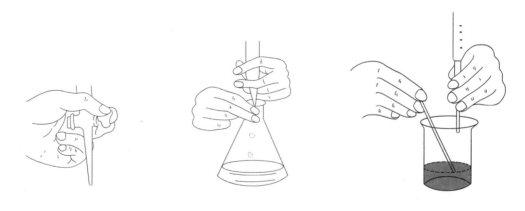

图 2-17 酸式滴定管的操作　图 2-18 碱式滴定管的操作　图 2-19 在烧杯中滴定

（3）滴定结束后滴定管的处理 滴定结束后，把滴定管中剩余的溶液倒掉（不能倒回原贮液瓶），依次用自来水和蒸馏水洗净，然后用蒸馏水充满滴定管并垂直夹在滴定管架上，下尖嘴口距台底座 1~2cm，上管口用一滴定管帽盖住。

3. 容量瓶 是一种细颈梨形的平底瓶，带有磨口塞。瓶颈上刻有环形标线，表示在所指温度下（一般为 20℃）液体充满至标线时的容积，这种容量瓶一般是"量入式"量器。但也有刻两条标线的，上面一条表示量出的容积。容量瓶主要是用来把精密称量的物质配制成准确浓度的溶液或是将准确容积及浓度的浓溶液稀释成准确浓度及容积的稀溶液。常用的容量瓶有 10、25、50、100、250、500、1000ml 等各种规格，颜色有棕色和无色两种，前者用于配制见光易分解的溶液。

（1）容量瓶使用前应检查是否漏水   注入适量自来水，盖好瓶塞，右手托住瓶底，将其倒立2分钟，观察瓶塞周围是否有水渗出。如果不漏，再把塞子旋转180°，塞紧、倒置，如仍不漏水，则可使用。使用前必须把容量瓶按容量器皿洗涤要求洗涤干净。容量瓶与瓶塞要配套使用。瓶塞须用尼龙绳或橡皮筋把它系在瓶颈上，以防掉下摔碎。系绳不要很长，2~3cm，以可启开塞子为限。

（2）配制溶液的操作方法   将准确称量的试剂放在小烧杯中，加入适量水，搅拌使其溶解（若难溶，可盖上表面皿，稍加热，但须放冷后才能转移），沿玻璃棒把溶液转移至容量瓶中[图2－20(a)]。烧杯中的溶液倒尽后烧杯不要直接离开玻璃棒，而应在烧杯扶正的同时使杯嘴沿玻璃棒上提1~2cm，随后烧杯即离开玻璃棒，这样可避免杯嘴与玻璃棒之间的一滴溶液流到烧杯外面。然后再用少量蒸馏水涮洗杯壁3~4次，每次的涮洗液按同样操作转移至容量瓶中。当溶液达到容量瓶的2/3容量时，应将容量瓶沿水平方向摇晃使溶液初步混匀（注意：不能倒转容量瓶），再加水至距离标线2~3cm处，改用滴管缓慢滴加纯水至溶液弯月面最低点恰好与标线相切[图2－20(a)]。盖紧瓶塞，用示指压住瓶塞，另一只手五指托住容量瓶底部，倒转容量瓶，使瓶内气泡上升到顶部，边倒转边向同一方向摇动，如此反复倒转多次，直至瓶内溶液充分混匀[图2－20(b)]。

容量瓶是量器而不是容器，不宜长期存放溶液，如溶液需使用较长时间，应将溶液转移至试剂瓶中贮存，试剂瓶应先用该溶液涮洗2~3次，以保证浓度不变。容量瓶不得在烘箱中烘烤，也不能以任何方式对其加热。

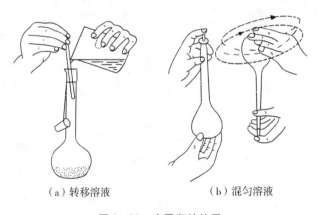

（a）转移溶液   （b）混匀溶液

图2－20   容量瓶的使用

4. 移液管、吸量管   是用于准确移取一定体积的量出式玻璃量器。移液管是中间有一膨大部分（称为球部）的玻璃管，球部上和下均为较细窄的管颈，上端管颈刻有一条标线，亦称"单标线吸量管"。常用的移液管有1、2、5、10、25、50ml等规格。

另一种是具有分刻度的移液管，又叫吸量管，常用的规格有1、2、5、10ml等，用它可以吸取标示范围内所需任意体积的溶液，但吸取溶液的准确度不如移液管。

移取溶液的操作：移取溶液前，必须用滤纸将管尖端内外的水吸去，然后用待移取的溶液润洗2~3次，以确保所移取溶液的浓度不变。移取溶液时，用右手的大拇指和中指拿住管颈上方，下部的尖端插入溶液中1~2cm，左手拿洗耳球，先把球中空气挤出，然后将球的尖端接在移液管口，慢慢松开左手使溶液吸入管内（图2－21）。当液面升高到刻度以上时，移去洗耳球，立即用右手的示指按住管口，将移液管下口提出液面，管的末端仍靠在盛溶液器皿的内壁上，略为放松示指，用拇指和中指轻轻捻转管身，使液面平稳下降，直到溶液的弯月面与标线相切时，立即用示指压紧管口，使液体不再流出。取出移液管，以干净滤纸片擦去移液管末端外部的溶液，但不得接触下口，然后插入承接溶液的器皿中，使管的末端靠在器皿内壁上。此时移液管应垂直，承接的器皿倾斜，松开示指，让管内溶液自然地全部沿器壁流下(图2-22)。待管内溶液完全流出后，继续靠壁等待10~15秒再拿出移液管。若移液管未标"吹"字，残留在移液管末端的溶液，不可用外力使其流出，因移液管的容积不包括末端残留的溶液。

有一些容量较小的吸量管，如0.1ml，管口上刻有"吹"字。使用时，末端的溶液须吹出，否则造成误差。

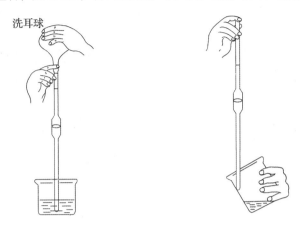

图2-21　移液管吸液　　　　图2-22　放液手法

九、酸度计的使用

酸度计(也称pH计)是用来测量溶液pH的仪器，还可用于测量电池电动势(mV)。酸度计主要由参比电极(饱和甘汞电极，图2-23)、测量电极(玻璃电极，图2-24)和精密电位计组成；复合电极则是参比电极和测量电极合在一起制成的复合体。实验室常用的酸度计有pHS-2型和pHS-3型等多种型号，各种型号结构略有差别，但基本原理相同。

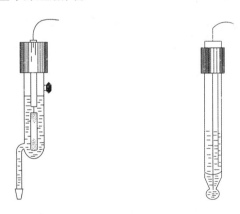

图2-23　饱和甘汞电极　　　　图2-24　玻璃电极

(一)基本原理

饱和甘汞电极的电极电势不随溶液的pH变化而变化，在一定温度时为一定值，在25℃时为+0.26808V。

玻璃电极的电极电势随溶液的pH变化而变化。它的主要部分是下端的极薄玻璃球泡，由特殊的敏感玻璃薄膜构成，该薄膜对H^+有敏感作用。当它浸入待测溶液中，被测溶液的H^+与电极玻璃球泡表面水化层进行离子交换，玻璃球泡内层也同样产生电极电势。由于内层H^+浓度不变，而外层H^+浓度在变化，因此内外层电势差也在变化，所以该电极电势随待测溶液的pH不同而变化。

$$E_{玻} = E_{玻}^{\ominus} + 0.0592\lg[H^+] = E_{玻}^{\ominus} - 0.0592pH$$

测定溶液 pH 时，将参比电极(饱和甘汞电极)和测量电极(玻璃电极)同时浸入溶液中组成原电池，并连接精密电位计，即可测定电池的电动势 E，在 25℃时：

$$E_{MF} = E_{正} - E_{负} = E_{甘汞} - E_{玻} = 0.26808 - E_{玻}^{\ominus} + 0.0592\text{pH}$$

$$\text{pH} = \frac{E + E_{玻}^{\ominus} - 0.26808}{0.0592}$$

$E_{玻}^{\ominus}$ 可以由测定一个已知 pH 的缓冲溶液的电动势而求得。

为方便使用，酸度计一般是把测得的电动势直接用 pH 表示出来，仪器加装有定位调节器，当测定标准缓冲溶液时，利用调节器把读数直接调节在标准缓冲溶液的 pH 处，这一步骤称为"定位"。这样在测未知溶液时，仪器就可以直接给出溶液的 pH。

(二)pHS-3C 型酸度计的使用

1. 仪器的使用方法　pHS-3C 型酸度计(图 2-25)的使用方法如下。

(1)开机，安装电极　将电源线插入电源插座，按下电源开关，接通电源后需预热 30 分钟。将电极梗插入电极梗插座，电极夹夹在电极梗上，取下复合电极前端的电极套，将电极夹在电极夹上。

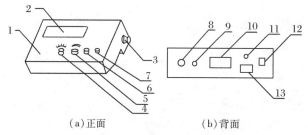

(a)正面　　　　　　　　(b)背面

1. 面板；2. 显示屏；3. 电极梗插座；4. 温度补偿调节旋钮；5. 斜率补偿调节旋钮；
6. 定位调节旋钮；7. 选择旋钮(pH 或 mV)；8. 测量电极插座；9. 参比电极插座；
10. 铭牌；11. 保险丝；12. 电源开关；13. 电源插座

图 2-25　pHS-3C 型酸度计示意图

(2)标定　仪器使用前，要先标定。一般情况下，仪器连续使用时每天要标定一次。标定方法如下。

1)拔下测量电极插座处的短路插头，插上复合电极。

2)把选择旋钮调到 pH 档。

3)调节温度旋钮至待测溶液温度值。

4)调节斜率旋钮至 100% 位置。

5)用蒸馏水清洗电极，并用滤纸吸干后插入 pH = 6.86 的标准缓冲溶液中。按溶液温度查出该温度时缓冲溶液 pH，调节定位旋钮，使仪器显示读数与该缓冲溶液的 pH 一致。

6)清洗电极，并用滤纸吸干。若被测溶液为酸性，则再用 pH = 4.00 的标准缓冲溶液调节斜率旋钮使仪器显示读数为 4.00；若被测溶液为碱性，则再用 pH = 9.18 的标准缓冲溶液调节斜率旋钮使仪器显示读数为 9.18。

经标定的仪器，测量时不得再转动定位调节旋钮和斜率调节旋钮。

(3)测量　清洗电极，并用滤纸吸干。将电极浸入待测溶液，轻轻摇动溶液使其均匀，在显示屏上读出溶液的 pH。若待测溶液和定位溶液温度不同，则应先测出待测溶液的温度，调节温度调节旋钮至待测溶液温度，再进行测量。

(4)标准缓冲溶液的配制方法

1)pH = 4.00 的标准缓冲溶液　将 10.12g 邻苯二甲酸氢钾(GR)溶解于 1L 重蒸馏水中。

2)pH = 6.86 的标准缓冲溶液　将 3.402g 磷酸二氢钾(GR)、3.549g 磷酸二氢钠(GR)溶解于 1L 重蒸水中。

3）pH = 9.18 的标准缓冲溶液　将 3.814g 硼砂（GR）溶解于 1L 重蒸水中。

（5）标准缓冲溶液的 pH 与温度关系对照表

温度（℃）	邻苯二甲酸氢钾溶液 pH	混合磷酸盐溶液 pH	硼砂溶液 pH
5	4.01	6.95	9.39
10	4.00	6.92	9.33
15	4.00	6.90	9.27
20	4.01	6.88	9.22
25	4.01	6.86	9.18
30	4.02	6.85	9.14
35	4.03	6.84	9.10
40	4.04	6.84	9.07
45	4.05	6.83	9.04
50	4.06	6.83	9.01
55	4.08	6.84	8.99
60	4.10	6.84	8.96

2. 复合电极的使用和维护

（1）取下电极保护套后，要避免电极的敏感玻璃泡与硬物接触，以免因破损或磨损而使电极失效。

（2）测量前必须用已知 pH 的标准缓冲溶液进行标定，要保证缓冲溶液的可靠性。

（3）测量后及时将电极套套上，套内放入少量补充液以保持电极玻璃球泡湿润。

（4）电极避免长期浸泡在蒸馏水、蛋白质溶液或酸性氟化物溶液中，避免与有机硅油接触。

（5）电极长期使用后，若斜率略有降低，可将电极下端浸入 4% HF 中 3 ~ 5 秒，用蒸馏水洗净后在 0.1mol/L HCl 溶液中浸泡复新。

（6）被测溶液中若含有易污染敏感玻璃球泡的物质，会使电极钝化而读数不准。可根据污染物的性质用适当溶液清洗使电极复新，清洗时不能用四氯化碳或四氢呋喃等溶剂。

十、分光光度计的使用

分光光度计是根据物质对光的吸收程度进行定性或定量分析的仪器。常用可见分光光度计的型号有 721 型、722 型、7200 型等。这里介绍 722 型分光光度计。

（一）基本原理

物质对光的吸收具有选择性，各种不同的物质都具有各自的吸收光谱。当单色光通过溶液时，其能量会被吸收而减弱，光程一定时，光能量减弱的程度和物质的浓度有一定的比例关系，即符合朗伯－比尔定律。

$$T = \frac{I}{I_0}$$

$$A = -\lg T = kcb$$

式中，I 为透射光强度；A 为吸光度；k 为摩尔吸光系数；c 为溶液的浓度；b 为溶液的厚度。当入射光强度、吸收系数和溶液厚度不变时，透射光强度随溶液浓度而变化。

当定量分析某一组分的溶液时，可首先配制一系列已知准确浓度的标准溶液，分别测出其在特定波长下的吸光度，做出 $A-c$ 曲线，即工作曲线。通过测定待测样品的吸光度，由工作曲线即可求出待测样品的浓度。

(二)722 型分光光度计的使用

722 型分光光度计(图 2-26)的使用方法如下。

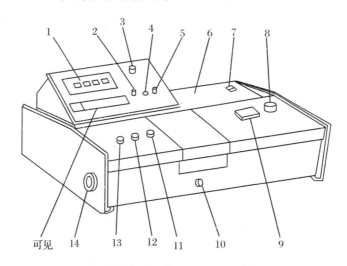

1. 数字显示屏；2. 吸光度调零旋钮；3. 功能选择开关；4. 吸光度斜率电位器；5. 浓度旋钮；
6. 光源室；7. 电源开关；8. 波长选择旋钮；9. 波长刻度窗；10. 样品架拉杆；11. 100%T 旋钮；
12. 0%T 旋钮；13. 灵敏度调节旋钮；14. 干燥器

图 2-26 722 型分光光度计示意图

(1)预热　打开电源开关，指示灯亮，打开比色皿暗盒盖，预热 20 分钟左右。

(2)设定波长　将灵敏度档放在最低档位置，根据待测溶液选择所需的单色光波长。

(3)校正　将功能选择开关置于"T"档，将参比溶液和待测溶液放入比色皿暗盒，使光通过参比溶液。打开比色皿暗盒盖，光路自动切断，调节"0%T"旋钮，使数字显示为 0，再盖上比色皿暗盒盖，调节"100%T"旋钮，使数字显示为 100。若调不到 100，可将灵敏度档升高一档，预热后再调节"100%T"旋钮。灵敏度档选择的原则是保证能调到 100 的情况下，尽可能采用较低档，使仪器有较高的稳定性。反复调节几次"0%T"和"100%T"旋钮，待仪器显示稳定后即可开始测量。

(4)测量　将功能选择开关置于"A"档，使光通过参比溶液，调节"吸光度调零"旋钮，使数字显示为 0，稳定后将样品架拉杆拉出，使待测溶液进入光路，此时数字显示屏显示的数字即是待测溶液的吸光度值。

(5)测量完毕，将比色皿取出，干燥剂袋放入暗盒中，将灵敏度旋钮调至最低档，关闭电源。将比色皿用蒸馏水洗净晾干后放入盒中。

(6)注意事项

1)测量时，比色皿需用待测溶液润洗 2~3 次，以免待测液浓度改变。

2)拿比色皿时要捏住两侧的磨砂面，严禁接触透明光面，以防沾污或磨损而影响透光度。

3)仪器不能受潮，应注意及时更换干燥剂。

第三部分　实验项目

实验一　实验教育、仪器认领及洗涤

【实验目的】

(1)熟悉化学实验的安全常识、基本要求等。

(2)认领无机化学实验常用仪器。

(3)学习常见玻璃仪器的洗涤方法。

【实验内容】

(1)熟悉实验环境,阅读实验室各项规章制度。

(2)认领无机化学实验常用仪器、清点并检查其有无破损。

两个同学一组,认真清点自己实验柜的所有仪器,如发现残缺,应及时报告实验教师调换或补齐。实验过程中,如有损坏或丢失,应按价赔偿。

(3)玻璃仪器的洗涤　根据实验要求、污物的性质以及沾污的程度,选择适当的洗涤方法。常用的洗涤方法如下。

1)水洗涤　该方法可以洗去水溶物、灰尘等,但对油污、有机物效果不好。

2)去污粉、洗衣粉洗涤　用毛刷蘸取少量去污粉或洗衣粉洗涤,该方法可洗去玻璃表面固体或油污等。

3)超声洗涤　容量瓶、移液管、滴定管等具有精确刻度的仪器,不能用毛刷刷洗,可用洗衣粉或合成洗涤剂放入超声清洗机洗涤。超声清洗机中加少量洗涤剂及水,放入待洗的玻璃仪器,超声振荡几分钟后,取出冲洗干净即可,尤其是玻璃塞子取不下来的情况,用超声振荡效果最好。

4)特殊污物的洗涤　有些污物用常规的方法很难洗净,应针对污物种类,采取不同的措施。例如,内壁有 MnO_2,可以用草酸溶液洗涤;铁锈可用稀盐酸洗涤;铜镜、银镜可用稀硝酸洗涤等。

(4)将洗好的仪器按要求在实验柜中排列整齐、分类存放。

【注意事项】

(1)洗涤废液应按要求倒入指定容器,不要倒入水槽。

(2)仪器齐全后,请登记,各自保管好自己的玻璃仪器。

【预习要求及思考题】

1. 预习要求

(1)预习第一部分基础知识中的一至六项。

(2)预习第二部分中仪器的清洗与干燥等相关内容。

2. 思考题

(1)玻璃量器类洗涤应该注意什么问题?

(2)玻璃仪器洗净的标准是什么?

(3)玻璃仪器的常用干燥方法有哪些?

实验二 溶液的配制与标定

【实验目的】

(1)掌握标准溶液的配制方法。

(2)熟悉酸碱滴定分析法的原理及滴定终点的确定。

(3)学习移液管、滴定管等容量仪器的正确使用方法。

【实验原理】

标准溶液是指已知准确浓度的溶液,其配制方法可分为直接法和间接法。氢氧化钠标准溶液是常用的碱标准溶液,由于 NaOH 固体易吸潮,易吸收空气中 CO_2,因此不能用直接法配制,只能先配制成近似浓度的溶液,然后用基准物质或标准溶液来标定其浓度。

酸碱滴定反应的终点依靠指示剂变色来确定。在酸碱滴定过程中,化学计量点前后溶液 pH 会产生突跃,选择变色范围全部或部分在滴定突跃范围内的指示剂即可指示滴定终点。滴定终点与化学计量点不一定恰好重合,由此造成的误差称为"终点误差"。

本实验采用邻苯二甲酸氢钾(KHP)标准溶液来标定 NaOH 溶液。标定反应为

反应产物邻苯二甲酸钾钠是二元弱碱,化学计量点时溶液 pH≈9.1,可选酚酞作指示剂。

NaOH 的准确浓度计算公式为

$$c_{NaOH} = \frac{c_{KHP} V_{KHP}}{V_{NaOH}}$$

【仪器与试剂】

1. 仪器 碱式滴定管(50ml),移液管(25ml),量筒(10、100ml),烧杯(400ml),锥形瓶(250ml)3个,试剂瓶(250ml,带橡皮塞),玻璃棒,洗瓶,洗耳球,滴定管夹(蝴蝶夹),滴定台(或铁架台),托盘天平或电子台秤(感量0.1g,公用)。

2. 试剂 NaOH(AR),邻苯二甲酸氢钾标准溶液(约0.1000mol/L),酚酞指示剂。

【实验内容】

1. 0.1mol/L NaOH 溶液的配制 以烧杯作容器在台秤上称取1.0g左右 NaOH 固体,用量筒加蒸馏水50ml,搅拌使 NaOH 全部溶解,转入250ml试剂瓶中;再用蒸馏水涮洗烧杯2~3次,涮洗液全部转入试剂瓶;继续加蒸馏水至瓶内溶液总体积为250ml,混合均匀,用橡皮塞盖好备用。

2. 碱式滴定管的准备 先检查乳胶管和玻璃球是否完好,滴定管是否漏液;再按规定要求将碱式滴定管洗涤干净,直至滴定管内壁完全被水均匀润湿而不挂水珠(若滴定管壁有油污,须卸下下端乳胶管和玻璃尖嘴后再洗涤,油污洗涤完毕装上乳胶管、尖嘴后须再次检查是否漏液)。最后,用配制好的待测 NaOH 溶液润洗3次(每次5~10ml)。加入待测 NaOH 溶液至0刻度以上(检查滴定管下端出口处有无气泡,如有气泡应排除),调整液面凹处至滴定管"0"刻度线或"0"刻度线以下。

3. NaOH 溶液浓度的标定 取洁净的25ml移液管,先用蒸馏水荡洗3次,再用移液管吸取少量邻苯二甲酸氢钾标准溶液润洗3次。用润洗过的移液管准确移取25ml邻苯二甲酸氢钾标准溶液至洁净的250ml锥形瓶中,加入2滴酚酞指示剂,摇匀。边摇动锥形瓶,边滴加 NaOH 溶液,直至锥形瓶内溶液

出现微红色，半分钟不褪色，即为终点，记录此时滴定管中溶液的凹液面读数（此数值减去起点读数即为本次滴定所用 NaOH 溶液的体积）。

再重复滴定 2 次，每次滴定从"0"刻度线附近开始，3 次滴定所用 NaOH 溶液的体积，相差应不超过 0.1ml（超过应重新滴定），分别计算 3 次标定的 NaOH 溶液浓度，取平均值作为测定结果。

【注意事项】

（1）为减少配制 NaOH 溶液中 CO_3^{2-} 的量，可先配制 NaOH 的饱和溶液，再量取上层清液（勿取底部沉淀）1.5ml，倒入洗净的试剂瓶中，用蒸馏水稀释至 250ml，摇匀即可。

（2）滴定时一定要逐滴加入 NaOH 溶液，并且要边摇动锥形瓶边滴加，以免局部浓度过高，或加入 NaOH 过量。

（3）开始滴定时速度可稍快，但也不能成线状滴入。近终点时，滴速要慢，以一滴或半滴进行滴定，以免过量。

（4）称取固体 NaOH 时，为防止其吸水及与 CO_2 发生反应，称量速度应尽可能快一些。

【预习要求及思考题】

1. 预习要求

（1）预习滴定管、移液管的使用方法。

（2）预习溶液的配制方法。

（3）查阅酸碱滴定的相关资料，预习酸碱滴定的基本原理。

2. 思考题

（1）本实验中锥形瓶使用前是否应用待装溶液润洗？为什么？

（2）本次实验能否采用甲基橙作为指示剂？为什么？

（3）能否用滴定管装邻苯二甲酸氢钾标准溶液来滴定 NaOH 溶液？为什么？

实验三　醋酸解离度和解离平衡常数的测定

【实验目的】

（1）测定醋酸溶液的解离度和解离平衡常数。

（2）巩固解离平衡的基本概念。

（3）学习 pH 计的使用。

（4）熟悉容量瓶、移液管、滴定管的基本操作。

【实验原理】

醋酸是一元弱酸，在水溶液中存在下列解离平衡。

$$HAc \rightleftharpoons H^+ + Ac^-$$

$$K_a^\ominus = \frac{[H^+] \cdot [Ac^-]}{[HAc]} = \frac{c \cdot \alpha^2}{1-\alpha}$$

式中，$[H^+]$、$[Ac^-]$、$[HAc]$ 分别是 H^+、Ac^-、HAc 的平衡浓度；c 为醋酸的起始浓度，α 为该浓度下醋酸的解离度；$K_a^\ominus$ 为醋酸的解离平衡常数。

醋酸溶液的精确浓度可用标准 NaOH 溶液滴定测得。醋酸溶液的 pH 可用 pH 计测定。由 $pH = -lg[H^+]$，换算得到 $[H^+]$，根据定义式 $\alpha = \dfrac{[H^+]}{c}$，计算出解离度 α，再代入 $K_a^\ominus$ 的计算式即可求得解离平衡常

数 $K_a^\ominus$。

【仪器与试剂】

1. 仪器　碱式滴定管(50ml)，移液管(25ml)，吸量管(5ml)，容量瓶(50ml)，烧杯(50ml)，锥形瓶(250ml)，洗耳球，铁架台，滴定管夹(蝴蝶夹)，pHS-3C 型酸度计。

2. 试剂　HAc 溶液(约 0.1mol/L)，NaOH 标准溶液(约 0.1000mol/L)，标准缓冲溶液(pH=4.00、6.86)，酚酞指示剂。

【实验内容】

1. 醋酸溶液浓度的标定　用移液管准确移取 25ml 浓度为 0.1mol/L 左右的 HAc 溶液，置于 250ml 锥形瓶中，加入 2 滴酚酞指示剂，用标准 NaOH 溶液滴定至溶液呈现微红色，半分钟不褪色为止。记下消耗的标准 NaOH 溶液的体积。按此法再重复滴定 2 次。用 3 次平均值求出 HAc 溶液的精确浓度(四位有效数字)。

2. 配制不同浓度的醋酸溶液　分别用移液管(或吸量管)准确移取 2.50、5.00、25.00ml 的 HAc 溶液，置于 3 个容量瓶(50ml)中，用蒸馏水稀释至刻度，摇匀备用。求出 3 份稀释后的 HAc 溶液的精确浓度(四位有效数字)。

3. 测定醋酸溶液的 pH　在 4 个洗净干燥的小烧杯(50ml)中，分别加入 35~40ml 左右的上述 3 种稀释的 HAc 溶液及未稀释的 HAc 溶液，由稀到浓分别用 pH 计测定其 pH，并记录室温。

4. 计算醋酸的解离度与解离平衡常数　根据 4 种醋酸溶液的浓度和 pH 计算醋酸的解离度与解离平衡常数。

【数据记录与处理】

1. 醋酸溶液浓度的标定

序号	$c(NaOH)$ (mol/L)	$V(HAc)$ (ml)	$V(NaOH)$ (ml)	$c(HAc)$ (mol/L)	$\bar{c}(HAc)$ (mol/L)
1					
2					
3					

2. 醋酸溶液的 pH 测定及 α、$K_a^\ominus$ 的计算　$t=$ _____ ℃

HAc 溶液 编号	$c(HAc)$ (mol/L)	pH	$[H^+]$ (mol/L)	$\alpha(\%)$	$K_a^\ominus$	
					测定值	平均值
1 ($c/20$)						
2 ($c/10$)						
3 ($c/2$)						
4 (c)						

【预习要求及思考题】

1. 预习要求

(1)预习解离平衡常数与解离度的概念及弱酸解离平衡常数与解离度的影响因素。

(2)阅读实验教材里"有效数字"及"碱式滴定管、移液管、容量瓶的使用"。

(3)预习 pH 计的使用方法，列出操作要点。

2. 思考题

(1)当 HAc 恰好完全被 NaOH 中和时，反应终点的 pH 是否等于 7，为什么？

(2)标定 HAc 浓度时，可否用甲基橙作指示剂，为什么？

(3)当 HAc 溶液浓度变小时，$[H^+]$、α、$K_a^{\ominus}$ 值各如何变化？

实验四　电解质溶液

【实验目的】

(1)掌握强弱电解质解离的差别及影响酸碱质子传递平衡移动的因素；离心分离和 pH 试纸的使用等基本操作。

(2)熟悉缓冲溶液的配制及其性质。

(3)了解难溶电解质的沉淀溶解平衡及溶度积原理的应用。

【实验原理】

1. 弱电解质的解离平衡及酸碱性　若 HA 为弱酸，A^- 为弱碱，则在水溶液中存在下列质子传递平衡(也称解离平衡)。

$$HA + H_2O \rightleftharpoons H_3O^+ + A^-，\text{简写为：} HA \rightleftharpoons H^+ + A^-$$

达到平衡时，各物质相对平衡浓度关系满足 $K^{\ominus} = \dfrac{[H^+][A^-]}{[HA]}$，$K^{\ominus}$ 为解离平衡常数。

凡是能给出质子(H^+)的物质称为酸，如 HAc、NH_4^+ 等，给出质子的能力越强其酸性越强；凡是能接受质子(H^+)的物质称为碱，如 $NH_3 \cdot H_2O$、Ac^-、CO_3^{2-} 等，接受质子的能力越强其碱性越强。

既能给出质子又能接受质子的物质称两性物质，其酸碱性，可以根据 $K_a^{\ominus}$ 和 $K_b^{\ominus}$ 的相对大小来判断。若 $K_a^{\ominus} > K_b^{\ominus}$，水溶液显酸性，如 $H_2PO_4^-$；若 $K_a^{\ominus} < K_b^{\ominus}$，溶液显碱性，如 HPO_4^{2-}、HCO_3^-；若 $K_a^{\ominus} = K_b^{\ominus}$，溶液显中性，如 NH_4Ac。

2. 酸碱质子传递平衡的移动

(1)同离子效应　在弱电解质的平衡体系中，加入与弱电解质含有相同离子的强电解质，解离平衡向逆反应方向移动，使弱电解质的解离度降低的效应称为同离子效应。

(2)温度的影响　水解为吸热反应，温度升高，平衡向吸热反应方向移动，有利于水解的进行。

(3)酸度的影响　对于质子传递平衡中有 H^+ 生成的，加酸平衡逆向移动，加碱平衡正向移动；对于质子传递平衡中有 OH^- 生成的，刚好相反。

3. 缓冲溶液　弱酸及其共轭碱(例如 HAc – NaAc)或弱碱及其共轭酸(例如 $NH_3 \cdot H_2O$ – NH_4Cl)等共轭酸碱的混合溶液，当外加少量酸、碱或适当稀释时，此混合溶液的 pH 基本不变，这种溶液称为缓冲溶液。缓冲溶液在一定程度上对抗少量外来的强酸、强碱或水的适当稀释作用称为缓冲作用。

4. 沉淀 – 溶解平衡、溶度积规则

(1)溶度积　在难溶电解质的饱和溶液中，未溶解的固体及溶解的离子间存在多相平衡，即沉淀 – 溶解平衡。如

$$PbI_2(s) \rightleftharpoons Pb^{2+} + 2I^-$$

$$K_{sp}^{\ominus} = [Pb^{2+}] \cdot [I^-]^2$$

$K_{sp}^{\ominus}$ 表示在难溶电解质的饱和溶液中，难溶电解质的相对离子浓度幂的乘积，在一定温度下是一常数。$K_{sp}^{\ominus}$ 称为溶度积常数，简称溶度积。

根据浓度积规则，可以判断某沉淀的生成和溶解，例如

$[Pb^{2+}] \cdot [I^-]^2 > K_{sp}^{\ominus}$ 过饱和溶液，有新沉淀析出；

$[Pb^{2+}] \cdot [I^-]^2 = K_{sp}^{\ominus}$ 饱和溶液，达沉淀溶解平衡状态；

$[Pb^{2+}] \cdot [I^-]^2 < K_{sp}^{\ominus}$ 不饱和溶液，无沉淀析出或沉淀溶解。

(2) 分步沉淀 有两种或两种以上的离子都能与加入的某种试剂(沉淀剂)反应生成难溶电解质时，沉淀的先后顺序决定于所需沉淀剂离子浓度的大小。需要沉淀剂离子浓度较小的先沉淀，需要沉淀剂离子浓度较大的后沉淀。这种先后沉淀的现象称为分步沉淀。离子沉淀的次序决定于沉淀物的 $K_{sp}^{\ominus}$ 和被沉淀离子的浓度。对于同类型的沉淀，若被沉淀离子的浓度相差不大，则 $K_{sp}^{\ominus}$ 小的先沉淀，$K_{sp}^{\ominus}$ 大的后沉淀；对于不同类型的沉淀，因有不同幂次的关系，就不能直接根据 $K_{sp}^{\ominus}$ 值来判断沉淀的先后次序，必须根据计算结果确定。

(3) 沉淀的转化 使一种难溶电解质转化为另一种难溶电解质，即把一种沉淀转化为另一种沉淀的过程，称为沉淀的转化。一般来说，溶解度较大的难溶电解质容易转化为溶解度较小的难溶电解质。

【仪器、试剂及其他】

1. 仪器 烧杯(50ml、100ml)，量筒(10ml)，试管，离心试管，玻璃棒，酒精灯(或水浴锅)，试管夹，试管架，离心机。

2. 试剂 HCl(0.1、6mol/L)，HAc(0.1、1mol/L)，NaOH(0.1mol/L)，$NH_3 \cdot H_2O$(2mol/L)，NaCl(0.1、1mol/L)，Na_2CO_3(0.1、1mol/L)，Na_3PO_4(0.1mol/L)，Na_2HPO_4(0.1mol/L)、NaH_2PO_4(0.1mol/L)、NaAc(0.5、1mol/L)、KI(0.001、0.1mol/L)，K_2CrO_4(0.1mol/L)，NH_4Cl(饱和)，$MgCl_2$(0.1mol/L)，$Al_2(SO_4)_3$(0.1、1mol/L)，$AgNO_3$(0.1mol/L)，$Pb(NO_3)_2$(0.001、0.10mol/L)，$NH_4Cl(s)$，$SbCl_3(s)$，锌粒，酚酞指示剂(1%)。

3. 其他 砂纸，pH试纸。

【实验内容】

1. 强弱电解质溶液的比较 在2支试管中分别加入1ml 0.1mol/L HCl 和1ml 0.1mol/L HAc，用玻棒蘸取少量溶液在pH试纸上测定其pH，并与计算值相比较。再分别加入一小颗锌粒(可用砂纸擦去表面的氧化层)，并用酒精灯(或水浴)加热试管，观察哪支试管中产生氢气的反应比较剧烈。

由实验结果比较HCl和HAc的酸性有何不同？为什么？

2. 弱酸、弱碱及两性物质的酸碱性

(1) 在点滴板上分别加入少量1mol/L Na_2CO_3、NaCl 及 $Al_2(SO_4)_3$ 溶液，用pH试纸分别测定它们的pH。写出离子方程式，并解释之。

(2) 在点滴板上分别加入少量0.1mol/L Na_3PO_4、Na_2HPO_4、NaH_2PO_4 溶液，用pH试纸分别测定它们的pH。写出离子方程式，并解释之。

3. 酸碱质子传递平衡的移动

(1) 同离子效应

1) 取2支试管，各加入1ml蒸馏水，2滴2mol/L $NH_3 \cdot H_2O$ 溶液，再滴入1滴酚酞溶液，混合均匀，观察溶液显什么颜色。在其中一支试管中加入1/4小勺 NH_4Cl 固体，摇荡使之溶解，观察溶液的颜色，并与另一支试管中的溶液比较。

2) 取2支小试管，各加入5滴0.1mol/L $MgCl_2$ 溶液，其中一支试管中再加入5滴饱和 NH_4Cl 溶液，另一支试管加5滴蒸馏水，然后分别在2支试管中各加入5滴2mol/L $NH_3 \cdot H_2O$ 溶液，观察2支试管中发生的现象有何不同？写出有关反应式并说明原因。

根据以上实验指出同离子效应对解离度的影响。

（2）温度的影响　在 2 支试管中分别加入 1ml 0.5mol/L NaAc 溶液，并各加入 1 滴酚酞溶液，将其中一支试管用酒精灯（或水浴）加热，观察颜色的变化，并与另一支试管中的颜色比较，冷却后颜色又有何变化？为什么？

（3）酸度的影响

1）将少量 $SbCl_3$ 固体（取火柴头大小即可）加到盛有 2ml 蒸馏水的小试管中，有何现象产生？用 pH 试纸试验溶液的酸碱性。取少量上述含沉淀的溶液加 6mol/L HCl，边滴边摇，观察沉淀是否溶解？在刚溶解的溶液中加水稀释，又有什么变化？解释上述现象，写出有关反应方程式。

2）取 2 支试管，分别加入 3ml 0.1mol/L Na_2CO_3 及 2ml 0.1mol/L $Al_2(SO_4)_3$ 溶液，用 pH 试纸分别测定 2 个溶液的酸碱性，然后迅速混合。观察有何现象？写出反应的离子方程式。

4. 缓冲溶液的配制和性质

（1）2 支试管中各加入 3ml 蒸馏水，用 pH 试纸测定其 pH，在其中一支试管中加入 5 滴 0.1mol/L HCl 溶液，在另一支试管中加入 5 滴 0.1mol/L NaOH 溶液，再分别测定它们的 pH。

（2）在 1 个小烧杯中，加入 1mol/L HAc 和 1mol/L NaAc 溶液各 5ml（用量筒尽可能准确量取），用玻璃棒搅匀，配制成 HAc - NaAc 缓冲溶液。用 pH 试纸测定该溶液的 pH，并与计算值比较。

（3）取 3 支试管，各加入此缓冲溶液 3ml，然后在 3 个试管中分别加入 5 滴 0.1mol/L HCl 溶液、5 滴 0.1mol/L NaOH 溶液及 5 滴蒸馏水，再用 pH 试纸分别测定其 pH。与（2）所测的缓冲溶液的 pH 比较，pH 有何变化？

比较实验情况，并总结缓冲溶液的性质。

5. 溶度积原理的应用

（1）沉淀的生成

1）在一支试管中加入 1ml 0.1mol/L $Pb(NO_3)_2$ 溶液，再逐滴加入 1ml 0.1mol/L KI 溶液，观察沉淀的生成和颜色。

2）在另一支试管中加入 1ml 0.001mol/L $Pb(NO_3)_2$ 溶液，再逐滴加入 1ml 0.001mol/L KI 溶液，观察有无沉淀生成？

试以溶度积原理解释以上现象。

（2）分步沉淀　在 1 支离心试管中，加入 3 滴 0.1mol/L NaCl 溶液和 1 滴 0.1mol/L K_2CrO_4 溶液，稀释至 1ml，摇匀后逐滴加入 0.1mol/L $AgNO_3$ 溶液（1~2 滴），边加边摇。当滴入 $AgNO_3$ 后，振摇使砖红色沉淀转化为白色沉淀较慢时，离心沉淀，观察生成的沉淀的颜色（注意沉淀和溶液颜色的差别）。然后将上清液倒入另一试管，再往上清液中滴加数滴 0.1mol/L $AgNO_3$ 溶液，会出现什么颜色的沉淀？试根据沉淀颜色的变化，判断哪一种难溶电解质先沉淀，并通过有关溶度积的计算解释之。

（3）沉淀的溶解　向试管中加入 10 滴 0.1mol/L $MgCl_2$ 溶液，并滴加数滴 2mol/L $NH_3 \cdot H_2O$ 至刚有沉淀出现。再加入少量 NH_4Cl 固体，振摇，观察沉淀是否溶解。用离子平衡移动的观点解释上述现象。

（4）沉淀的转化　在离心试管中加入 0.1mol/L $Pb(NO_3)_2$ 和 1.0mol/L NaCl 溶液各 10 滴，离心分离，弃去上层清液，向沉淀上滴加 0.1mol/L KI 溶液并搅拌，观察沉淀的颜色变化。说明原因并写出有关反应方程式。

【注意事项】

（1）用 pH 试纸测定溶液的 pH 时，用洗净的玻璃棒蘸取待测溶液，滴在试纸上，观察其颜色的变化并与比色板对比判断其 pH。注意，不要把试纸投入被测试液中测试。

（2）取用液体试剂时，严禁将滴瓶中的滴管伸入试管内，或用实验者的滴管到试剂瓶中吸取试剂，以免污染试剂。取用试剂后，必须把滴管放回原试剂瓶中，不可置于实验台上，以免弄混及交叉污染试剂。

（3）用试管盛液体加热时，液体量不能过多，一般以不超过试管体积的 1/3 为宜。试管夹应夹在距管口 1~2cm 处，斜持试管，加热过程中不断地晃动试管，以免由于局部过热而引起暴沸。加热时，应注意试管口倾斜 45°并朝无人处。

（4）正确使用离心机，注意保持平衡，调整转速时不要过快。

（5）操作时注意试剂的用量，否则观察不到现象。

（6）使用酒精灯时应注意安全，参阅"酒精灯和煤气灯的使用"一节中有关内容。

（7）锌粒使用后回收至指定容器中。

【预习要求及思考题】

1. 预习要求

（1）预习弱酸、弱碱、两性物质的质子传递平衡及影响质子传递平衡移动的因素。

（2）预习缓冲溶液的配制和性质。

（3）预习溶度积原理、分步沉淀、沉淀的生成、溶解和转化。

（4）预习 pH 试纸、酒精灯、离心机的使用。

2. 思考题

（1）试解释为什么 Na_2HPO_4、NaH_2PO_4 溶液均属两性物质，但前者的溶液呈弱碱性，后者却呈弱酸性？

（2）同离子效应对弱电解质的解离度和难溶电解质的溶解度各有什么影响？

（3）使用离心机应注意哪些问题？

（4）沉淀的生成、溶解和转化的条件各是什么？

实验五　药用氯化钠的制备

【实验目的】

（1）掌握药用氯化钠的制备原理和方法。

（2）学会溶解、过滤、沉淀、蒸发、结晶等基本操作。

（3）理解沉淀–溶解平衡的原理和应用。

【实验原理】

粗食盐中含有挥发性有机杂质、可溶性无机杂质（K^+、Ca^{2+}、Mg^{2+}、Fe^{3+}、SO_4^{2-}、Br^-、I^- 和重金属）及泥砂等机械杂质。有机杂质可采用煅炒的方法去除；不溶性机械杂质如泥沙等可采用过滤法去除；可溶性无机杂质则可通过化学法除去，即选择适当的沉淀剂使其生成相应的难溶化合物沉淀而除去。可溶性化学杂质去除的通常方法如下。

首先在食盐溶液中加入稍过量的 $BaCl_2$ 溶液，使溶液中的 SO_4^{2-} 离子转化为 $BaSO_4$ 沉淀。

$$Ba^{2+} + SO_4^{2-} =\!=\!= BaSO_4 \downarrow$$

$BaSO_4$ 沉淀过滤去除后，可先加入几滴饱和 H_2S 溶液除去重金属离子，再加入稍过量的 NaOH 和 Na_2CO_3 混合溶液，以除去 Ca^{2+}、Mg^{2+}、Fe^{3+} 和过量的 Ba^{2+} 离子。

$$Ca^{2+} + CO_3^{2-} =\!=\!= CaCO_3 \downarrow$$

$$2Mg^{2+} + 2OH^- + CO_3^{2-} =\!=\!= Mg_2(OH)_2CO_3 \downarrow$$

$$Ba^{2+} + CO_3^{2-} =\!=\!= BaCO_3 \downarrow$$

$$Fe^{3+} + 3OH^- =\!\!=\!\!= Fe(OH)_3$$

最后再用盐酸将溶液调至微酸性,除去过量的 NaOH 和 Na_2CO_3。

$$CO_3^{2-} + 2H^+ =\!\!=\!\!= CO_2\uparrow + H_2O$$

$$H^+ + OH^- =\!\!=\!\!= H_2O$$

对于其中少量的 Br^-、I^-、K^+ 杂质,由于其含量少,溶解度大,可在最后的浓缩、结晶中采用趁热抽滤的方法去除(Br^-、I^-、K^+ 等仍留在母液中)。而残留在 NaCl 晶体中的盐酸在干燥过程中以氯化氢的形式逸出而被除去。

【仪器、试剂及其他】

1. 仪器 烧杯(250ml),量筒(10、100ml),试管,布氏漏斗,酒精灯,蒸发皿,托盘天平,电炉(或煤气灯),抽滤装置。

2. 试剂 HCl(2mol/L),H_2S(饱和)或硫代乙酰胺,NaOH(6mol/L),Na_2CO_3(饱和),$BaCl_2$(25%或1mol/L),粗食盐。

3. 其他 广泛 pH 试纸,滤纸。

【实验内容】

1. 有机杂质和机械杂质的去除 称取 20.0g 粗食盐,炒至有机物炭化,转移至 250ml 烧杯中,加入 70ml 水,加热搅拌使粗食盐完全溶解,趁热倾泻法过滤,得滤液。

2. SO_4^{2-} 的去除 滤液加热近沸,边搅拌边滴加入 25% $BaCl_2$ 溶液(约 4ml 左右)至 SO_4^{2-} 沉淀完全。继续加热 5 分钟,趁热过滤,弃去沉淀。

3. 重金属及 Mg^{2+}、Ca^{2+}、Ba^{2+}、Fe^{3+} 的去除 在滤液中加入饱和硫化氢溶液数滴,若无沉淀,不必再加。继续加入 6mol/L NaOH 与饱和 Na_2CO_3 混合溶液(体积比 1∶1)约 10ml,将溶液 pH 调至 11 左右,待沉淀完全后,加热至微沸,静置冷却,过滤,弃去沉淀。

4. 过量 CO_3^{2-}、OH^- 的去除 滤液转移至蒸发皿中,滴加 2mol/L HCl 溶液,直至溶液 pH 为 3~4(用 pH 试纸检查)。

5. 浓缩与结晶 将滤液倒入蒸发皿中,蒸发浓缩至糊状,有大量 NaCl 结晶出现(切不可蒸干),趁热减压抽滤,将所得产品转移到蒸发皿中,小火烘(炒)干。将干燥冷却后的氯化钠晶体称量,计算产率。

所得氯化钠晶体装入袋中,贴上标签,供纯度检验和性质实验用。

【注意事项】

(1)沉淀剂用量要过量,滴加结束后还应煮沸几分钟,使沉淀由小颗粒聚沉为大颗粒,以利于沉淀与溶液的分离。

(2)检查沉淀是否完全的方法:可吸取少量清液到试管中,加 1~2 滴沉淀剂,无浑浊即表示已沉淀完全。

(3)浓缩 NaCl 溶液时用小火加热,并不停搅拌,保持溶液微沸,切不可蒸干。

(4)为防止炒干后的 NaCl 结成块状,炒干时应小火加热且不断搅拌。

【预习要求及思考题】

1. 预习要求

(1)预习溶解、沉淀、过滤、蒸发、浓缩、结晶等基本操作。

(2)预习药用氯化钠制备的基本原理。

(3)复习 pH 试纸的使用等基本操作。

2. 思考题

(1)粗食盐为什么不能直接用重结晶的方法纯化?

(2)在除去化学杂质时,为什么要先加入 $BaCl_2$ 溶液,然后再加入 Na_2CO_3 溶液?是否可改变加入沉淀剂的次序?

(3)减压过滤操作应注意哪些问题?

实验六　药用氯化钠的性质及杂质限量的检查

【实验目的】

(1)掌握《中国药典》中氯化钠杂质检查的原理和方法。

(2)初步了解《中国药典》对药用氯化钠的鉴别方法。

(3)掌握比色、比浊实验的方法。

【实验原理】

(1)药用氯化钠的鉴别实验是被检药品组成离子(即 Na^+ 和 Cl^-)的特征实验。

(2)钡盐、硫酸盐、钾盐、钙镁盐、铁盐的限度检查,是根据沉淀反应原理,样品管和标准管在相同条件下进行比浊、比色试验,样品管的浊度和颜色不得比标准管的浊度和颜色更深。若样品管的颜色和浊度不深于标准管,则杂质含量低于药典规定的限度;否则杂质含量高于药典规定的限度。

(3)重金属是指 Pb、Bi、Cu、Hg、Sb、Sn、Co、Sn 等金属的离子,他们在弱酸性条件下能与 H_2S(Na_2S)或硫代乙酰胺作用生成硫化物沉淀。《中国药典》规定在弱酸条件下进行,即用稀醋酸调节 pH = 3 时,硫代乙酰胺会水解生成 H_2S。

$$CH_3CSNH_2 + H_2O \longrightarrow CH_3CONH_2 + H_2S$$

【仪器、试剂及其他】

1. 仪器　奈氏比色管(25ml),烧杯(100ml),量筒(10、100ml),试管,酒精灯(或加热套),石棉网,铂丝,电子天平(或托盘天平)。

2. 试剂　H_2SO_4(0.5mol/L),HNO_3(0.1mol/L),HCl(0.02、0.05、0.1、6mol/L),HAc(稀),NaOH(1、0.02mol/L),NH_3(6mol/L),KCl(10%),KBr(10%),$KMnO_4$(0.1mol/L),草酸铵(0.25mol/L),硫氰酸铵(30%),$BaCl_2$(25%),$AgNO_3$(0.1mol/L),标准硫酸钾溶液,标准镁溶液,标准铅溶液(10μg/ml),标准铁溶液,太坦黄(0.05%),四苯硼钠溶液,硫代乙酰胺试液,醋酸盐缓冲溶液(pH 3.5),过硫酸铵(s),MnO_2(s),药用氯化钠供试品(自制),溴麝香草酚蓝指示剂。

3. 其他　广泛 pH 试纸,淀粉碘化钾试纸。

【实验内容】

(一)氯化钠的鉴别反应

1. 钠盐的焰色反应　将铂丝用盐酸湿润后,蘸取氯化钠,在无色火焰中灼烧,火焰出现持久黄色。

2. 氯化物的鉴别反应

(1)生成氯化银沉淀　取氯化钠少许,加水溶解,加稀硝酸使成酸性后,滴加硝酸银试液,即生成白色凝乳状沉淀;分离后,沉淀加氨试液即溶解,再加稀硝酸酸化后,沉淀又生成。

$$Cl^- + Ag^+ \longrightarrow AgCl\downarrow$$

$$AgCl(s) + 2NH_3 \Longrightarrow [Ag(NH_3)_2]^+ + Cl^-$$

$$[Ag(NH_3)_2]^+ + Cl^- + 2H^+ \Longrightarrow AgCl\downarrow + 2NH_4^+$$

（2）还原性试验　取氯化钠固体少许置于试管中，加等量的二氧化锰，混匀，加浓硫酸湿润，缓缓加热，即产生氯气，遇润湿的淀粉碘化钾试纸显蓝色。

$$4NaCl + MnO_2 + 4H_2SO_4 \Longrightarrow 4NaHSO_4 + MnCl_2 + 2H_2O + Cl_2\uparrow$$

（二）产品质量检查

成品氯化钠需进行以下各项质量检验。

1. 溶液的澄清度　取氯化钠 2.5g，加蒸馏水至 12.5ml 溶解后，溶液应无色澄清。

2. 酸碱度　在上述澄清的溶液中继续加蒸馏水至 25ml 后，加溴麝香草酚蓝指示液 1 滴，如显黄色，加氢氧化钠液（0.02mol/L）0.05ml，应变为蓝色；如显蓝色或绿色，加盐酸（0.02mol/L）0.10ml，应变为黄色。

氯化钠在水溶液中应呈中性。但在制备过程中，可能夹杂少量酸或碱，所以药典将其 pH 限制在很小范围内。溴麝香草酚蓝指示液的变色范围是 pH 6.6~7.6，由黄色到蓝色。

3. 碘化物与溴化物　取氯化钠 1.0g，加蒸馏水 3ml 溶解后，加三氯甲烷 0.5ml，并加入氯水溶液，边滴边振摇，三氯甲烷层不得显紫红色、黄色或橙色。

对照试验：分别取碘化物和溴化物溶液各 0.5ml，分别放置在 2 支试管内，同上法各加三氯甲烷 0.5ml，并滴加氯水试液，振摇，2 试管中分别显示紫红色、黄色或红棕色。

4. 硫酸盐　取 25ml 奈氏比色管 2 支，甲管中加硫酸钾标准溶液 0.5ml（每 1ml 硫酸钾标准溶液相当于 100μg 的 SO_4^{2-}）加蒸馏水稀释至 15ml，加 1ml 0.05mol/L HCl 溶液，加 2.5ml 25% $BaCl_2$ 溶液，加水至 25ml，摇匀，放置 10 分钟。

取氯化钠 2.5g，加蒸馏水稀释至 15ml，定量转移至乙管中，其余操作同上，放置 10 分钟，比较浑浊度，供试品管颜色不得更深，乙管的浑浊度不得高于甲管（0.002%）。

5. 钙盐和镁盐

（1）钙盐　取氯化钠 2.0g，加蒸馏水 10ml 使溶解，加氨试液 1ml，摇匀，加草酸铵试液 1ml，5 分钟内不得发生浑浊。

（2）镁盐　取氯化钠 1g，加蒸馏水 20ml 使溶解，加氢氧化钠溶液 2.5ml（4.3g/100ml）与 0.05% 太坦黄溶液 0.5ml，摇匀；生成的颜色与标准镁溶液（精密称取在 800℃ 炽灼至恒重的氧化镁 16.58mg，加盐酸 2.5ml 与水适量使溶解成 1000ml，摇匀）1.0ml 用同一方法制成的对照液比较，不得更深（0.001%）。

6. 钡盐　取氯化钠供试品 2.0g，用蒸馏水 10ml 溶解后，过滤，滤液分为 2 等份，一份中加稀 H_2SO_4 1ml，另一份加蒸馏水 1ml，静置 15 分钟，两溶液应同样澄清。

7. 铁盐　取氯化钠 2.5g，加蒸馏水至 15ml 溶解后，定量转移至 25ml 奈氏比色管中，加入 2ml 0.1mol/L HCl，新配 0.1mol/L 过硫酸铵几滴（或 25mg 过硫酸铵），再加 1.5ml 30% 硫氰酸铵试液，适量蒸馏水稀释至 25ml，摇匀。如显色，与标准铁溶液 0.75ml，用同样方法处理制得的标准管颜色比较，不得更深（0.0003%）。

标准铁盐溶液的制备：精确称取硫酸铁铵 $[FeNH_4(SO_4)_2 \cdot 12H_2O]$ 0.8630g，溶解后转入 1000ml 容量瓶中，加硫酸 2.5ml，加水稀释至刻度，摇匀。临用时精确量取 10ml，置于 100ml 的容量瓶中，加水稀释至刻度，摇匀，即得每 1ml 相当于 10μg 的铁。

8. 钾盐　取氯化钠供试品 2.5g，加 10ml 蒸馏水溶解后，定量转移至 25ml 奈氏比色管中，加 1 滴稀醋酸，加 1ml 四苯硼钠溶液（取四苯硼钠 1.5g，置乳钵中，加水 10ml 研磨后，再加水 40ml，研匀，用致密的滤纸滤过即得），再加蒸馏水稀释至25ml，如显浑浊，与6.2ml标准硫酸钾溶液用同一方法制成的对照液比较，不得更浓（0.02%）。

标准硫酸钾溶液的制备：称取硫酸钾0.181g，加水溶解后，置1000ml容量瓶中，稀释至刻度，摇匀，即得1ml相当于81.1μg的钾。

9. 重金属　取25ml奈氏比色管2支，甲管加1.0ml标准铅溶液（10μg/ml），加2ml醋酸盐缓冲溶液（pH=3.5），加蒸馏水稀释至25ml；取氯化钠供试品5.0g，加水20ml溶解后，定量转移至乙管中，加2ml醋酸盐缓冲溶液，再加蒸馏水稀释至25ml。两管中分别加硫代乙酰胺试液2ml，摇匀，在暗处放置2分钟，比较颜色，乙管中显色不得深于甲管（重金属含量不超过百万分之二）。

标准铅溶液的制备：称取硝酸铅0.1599g，置于1000ml容量瓶中，加硝酸5ml与水50ml溶解后，用水稀释至刻度，摇匀，作储备液。

精密量取储备液10ml，置于100ml量瓶中，加水稀释至刻度，摇匀，即得1ml相当于10μg的铅。标准铅溶液应新鲜配制（注意，配制与存用的玻璃容器不得含有铅）。

【注意事项】

（1）药物杂质检查必须严格遵守平行原则。平行原则是指样品与标准溶液必须在完全相同的条件下进行反应与比较。即应选择容积、口径和色泽相同的比色管，在同一光源、同一衬底上，以相同的方式（一般是自上而下）观察，加入试剂的种类、量、顺序及反应时间等均应一致。

（2）杂质限量检查是指药物中杂质的最大允许量。其计算公式为

$$杂质限量 = \frac{杂质最大允许量}{供试品量} \times 100\%$$

（3）药物的杂质检查一般为限量检查，合格者仅说明其杂质含量在质量标准允许范围内，并非不含该杂质。

（4）钾盐、硫酸盐限度检查时是两管比浊，比色管置于黑色背景上，在光线明亮处由上而下透视，比较两管的浑浊度。

（5）铁盐和重金属盐限度检查是两管比色，把比色管置于一张白纸前，自上向下透视，比较两管的颜色。

【预习要求及思考题】

1. 预习要求

（1）预习奈氏比色管的使用方法，巩固称量、移液等基本操作。

（2）预习实验基本原理，阅读实验教材中相关内容并设计好实验记录表格。

2. 思考题

（1）本实验中鉴别反应的原理是什么？

（2）计算出氯化钠中硫酸盐、钾盐、铁盐及重金属的限量。

（3）何种分析方法称为限量分析？本实验中钡盐、钙盐及硫酸盐的限度检验，是依据什么原理？

（4）本实验中何种离子的检验是选用的比色实验？

实验七　五水硫酸铜的制备和纯化

【实验目的】

（1）学会$CuSO_4 \cdot 5H_2O$的制备方法。

(2)掌握称量、溶解、过滤、结晶等基本操作；固体试剂和液体试剂的取用方法。

【实验原理】

$CuSO_4 \cdot 5H_2O$ 俗名胆矾，蓝色晶体，易溶于水，而难溶于乙醇，在干燥空气中可缓慢风化，不同温度下会逐步脱水，将其加热至 260℃ 以上，可失去全部结晶水而成为白色的无水 $CuSO_4$ 粉末。

$CuSO_4 \cdot 5H_2O$ 的制备方法有许多种，常见的有利用废铜粉焙烧氧化的方法制备硫酸铜（先将铜粉在空气中灼烧氧化成氧化铜，然后将其溶于硫酸而制得硫酸铜）；也有采用浓硝酸作氧化剂，用废铜与硫酸、浓硝酸反应来制备硫酸铜。本实验是通过粗 CuO 粉末和稀 H_2SO_4 反应来制备硫酸铜。反应式为

$$CuO + H_2SO_4 = CuSO_4 + H_2O$$

制备的粗硫酸铜含有一些可溶性和不溶性杂质。不溶性杂质可在溶解、过滤过程中除去，可溶性杂质常用化学方法除去。其中如 Fe^{2+} 和 Fe^{3+}，一般是先将 Fe^{2+} 用氧化剂（如 H_2O_2 溶液）氧化为 Fe^{3+}，然后调节溶液 pH 至 3~4，再加热煮沸，以 $Fe(OH)_3$ 形式沉淀除去。

$$2Fe^{2+} + 2H^+ + H_2O_2 = 2Fe^{3+} + 2H_2O$$
$$Fe^{3+} + 3H_2O = Fe(OH)_3 \downarrow + 3H^+$$

$CuSO_4 \cdot 5H_2O$ 在水中的溶解度随温度的改变有较大变化，因此可采用蒸发浓缩、冷却、结晶、过滤的方法，将粗 $CuSO_4$ 的一些杂质留在母液中而除去，得到纯度较高的水合硫酸铜晶体。

【仪器、试剂及其他】

1. 仪器　试管(10ml)，烧杯(100ml)，量筒(10、100ml)，玻璃棒，酒精灯，漏斗，布氏漏斗，抽滤瓶，表面皿，蒸发皿，电炉，石棉网，铁架台，铁圈，托盘天平。

2. 试剂　H_2SO_4(1、3mol/L)，H_2O_2(3%)，NaOH (2mol/L)，CuO (粗粉)。

3. 其他　滤纸，pH 试纸。

【实验内容】

1. $CuSO_4 \cdot 5H_2O$ 粗品的制备　称取 2g 粗 CuO 粉末备用。在洁净的蒸发皿中加入 10ml 3mol/L 的 H_2SO_4 溶液，小火加热，边搅拌边用药勺慢慢加入粗 CuO 粉末，直到 CuO 不再反应为止，如出现结晶，可随时补加少量蒸馏水。反应完毕，趁热过滤，并用少量蒸馏水冲洗蒸发皿及滤渣，将洗涤液和滤液合并，转移到洁净的蒸发皿中，放在石棉网上加热，不断搅拌，至液面出现结晶膜时停止加热，冷却后析出蓝色晶体即为粗品 $CuSO_4 \cdot 5H_2O$。用药勺将晶体取出，放在表面皿上，用滤纸轻压以吸干晶体表面的水分，称重，计算产率。

2. $CuSO_4 \cdot 5H_2O$ 的纯化　称取上述粗产品 5g，放入 100ml 烧杯中，加蒸馏水 20ml，不断搅拌，小火加热使其溶解，此时若加入 2~3 滴 1mol/L 的 H_2SO_4 溶液可加速溶解。

在溶液中慢慢加入 1ml 3% 的 H_2O_2 溶液，加热，边搅拌边滴加 2mol/L 的 NaOH 溶液来调节溶液 pH 至 3~4，再加热一会儿，放置[其中的 Fe^{2+} 和 Fe^{3+} 均以 $Fe(OH)_3$ 形式沉淀，检查是否沉淀完全]，倾析法过滤，将滤液直接用洁净的蒸发皿收集，并用少量蒸馏水冲洗烧杯、玻璃棒及滤渣，收集滤液。

在滤液中滴加 1mol/L 的 H_2SO_4 溶液，调节 pH 至 1~2，将溶液置于小火上缓慢蒸发，浓缩至液面出现结晶膜时停止加热，稍放置，将蒸发皿放在盛有冷水的烧杯上冷却，析出蓝色 $CuSO_4 \cdot 5H_2O$ 晶体，减压抽滤，尽量抽干，取出晶体，并用干净滤纸轻轻挤压晶体除去少量水分，称重，计算产率(回收母液)。

【注意事项】

(1)趁热过滤时，要先将过滤装置准备好，滤纸待抽滤时再润湿。

(2)双氧水应缓慢分次滴加，以免过量。

(3)加热浓缩产品时表面有结晶膜出现即可，不要将溶液蒸干。

（4）蒸发浓缩溶液可以直接加热，也可以用水浴加热的方法。选择时主要考虑溶剂、溶质的性质和溶质的热稳定性、氧化还原稳定性等。如 $CuSO_4 \cdot 5H_2O$ 受热时分解（热稳定性）。

$$CuSO_4 \cdot 5H_2O \Longrightarrow CuSO_4 \cdot 3H_2O + 2H_2O \ (375K)$$
$$CuSO_4 \cdot 3H_2O \Longrightarrow CuSO_4 \cdot H_2O + 2H_2O \ (386K)$$
$$CuSO_4 \cdot H_2O \Longrightarrow CuSO_4 + H_2O \ (531K)$$

实验者对蒸发速度的要求是其次的考虑。当希望溶液平稳地蒸发，常用水浴加热，沸腾后溶液不会溅出，当然，蒸发速度相对要慢些。

【预习要求及思考题】

1. 预习要求

（1）预习无机化学实验基本技术：沉淀的分离与洗涤，蒸发、结晶和过滤，pH 试纸的使用。

（2）复习沉淀溶解平衡基本原理。

2. 思考题

（1）提纯 $CuSO_4 \cdot 5H_2O$ 产品时调节 pH 至 3~4 的目的是什么？

（2）实验中加热浓缩溶液时，是否可将溶液蒸干？为什么？

（3）如何计算 $CuSO_4 \cdot 5H_2O$ 晶体的理论产量？

实验八　氯化铅溶度积常数的测定

【实验目的】

（1）掌握离子交换法测定 $PbCl_2$ 溶度积的原理和方法。

（2）学习离子交换树脂的使用方法。

（3）进一步训练酸碱滴定的基本操作。

【实验原理】

离子交换树脂是具有可供离子交换的活性基团的高分子化合物，这类化合物具有可供离子交换的活性基团，具有酸性交换基团（如磺酸基—SO_3H、羧酸基—COOH）能和阳离子进行交换的叫阳离子交换树脂；具有碱性交换基团（如—NH_3Cl）能和阴离子进行交换的叫阴离子交换树脂；本实验采用的是强酸性阳离子交换树脂，这种树脂出厂时一般是 Na 型，即活性基团为—SO_3Na，如用 H^+ 把 Na^+ 交换下来，即得 H 型树脂。

例如，R—SO_3H（强酸型阳离子交换树脂），用一定的饱和 $PbCl_2$ 溶液与氢型阳离子树脂充分交换。

$$2R-SO_3H + PbCl_2 \Longrightarrow (R-SO_3)_2Pb + 2HCl$$

交换出来的 H^+ 用已知浓度的标准 NaOH 溶液滴定，根据化学反应计量方程可得

$$c(NaOH) \cdot V(NaOH) = c(HCl) \cdot V(HCl) = 2c(PbCl_2) \cdot V(PbCl_2)$$

$$PbCl_2(s) \Longrightarrow Pb^{2+}(aq) + 2Cl^-(aq)$$

$$K_{sp}^{\ominus}(PbCl_2) = [Pb^{2+}] \cdot [Cl^-]^2 = c(PbCl_2) \cdot [2c(PbCl_2)]^2 = 4[c(PbCl_2)]^3$$

已有 Pb^{2+} 交换上去的树脂可用不含 Cl^- 的 0.1mol/L HNO_3 溶液进行淋洗再生。

【仪器、试剂及其他】

1. 仪器　碱式滴定管（2 支，其中 1 支改为离子交换柱），移液管（25ml），烧杯（50ml），温度计，铁架台，滴定管夹，玻璃棒，洗耳球。

2. 试剂　标准 NaOH(0.05mol/L)，HCl(1mol/L)，HNO$_3$(0.1mol/L)，PbCl$_2$(饱和)，0.1% 酚酞或溴百里酚蓝。

3. 其他　强酸型阳离子交换树脂(16 至 50 目)，pH 试纸，脱脂棉，螺旋夹。

【实验内容】

1. 转型　为保证 Pb^{2+} 交换出来的离子完全是可直接滴定的 H$^+$，应先把钠型的树脂完全转变成氢型(也可由实验教师预先转型)。

2. 装柱　在离子交换柱内装入少量水，将下部空气排掉，底部填入少量棉花。用小烧杯往柱中装入带水的氢型阳离子交换树脂，至净柱高(不算水的高度)约 15cm。如装入水太多，可松开螺旋夹，让水慢慢流出，直到液面略高于树脂后夹紧螺旋夹。在以上操作中，一定要使树脂始终浸在溶液中，勿使溶液流干，否则气泡进入树脂柱中，将影响离子交换的进行。若出现少量气泡，可加入少量蒸馏水，使液面高出树脂，并用玻璃棒搅动树脂，以便赶走气泡；若气泡量多，必须重新装柱。

3. 交换与洗涤　先用蒸馏水洗涤交换柱，使流出液的 pH 与蒸馏水的相同，夹好螺旋夹。

用移液管精确吸取 25ml PbCl$_2$ 饱和溶液，放入离子交换柱中。控制交换柱流出液的速度，每分钟 25～30 滴，不宜太快。用洁净的锥形瓶承接流出液。待 PbCl$_2$ 饱和溶液接近树脂层上表面时，用 40～50ml 蒸馏水分批洗涤交换树脂，直至流出液呈中性(流出液仍接在同一锥形瓶中)。在整个交换过程中，勿使流出液损失。

4. 滴定　在全部流出液中，加入 1～2 滴酚酞指示剂，用标准 NaOH 溶液滴定至终点即出现粉红色，30 秒不褪色。精确记录 NaOH 所消耗的体积。

5. 再生　用 5ml 的 0.1mol/L HNO$_3$ 再生，或由教师集中再生处理。

【数据记录与结果处理】

室温 $t =$ ＿＿＿＿＿℃

PbCl$_2$ 饱和溶液的用量(ml)	25.00
c(NaOH)(mol/L)	
V(NaOH)(ml)	
PbCl$_2$ 的 $K_{sp}^{\ominus}$(PbCl$_2$) 测定值	
PbCl$_2$ 的 $K_{sp}^{\ominus}$(PbCl$_2$) 参考值	1.6×10^{-5}

【注意事项】

(1)在洗涤、交换的过程中，树脂交换柱中的液面始终高于树脂面。

(2)制备 PbCl$_2$ 饱和溶液时，要用煮沸除去 CO$_2$ 的热水溶解 PbCl$_2$ 固体，再过滤此溶液让其自然冷却析出晶体，可保证其为饱和溶液，且晶体颗粒大，沉淀在下便于取液。

(3)PbCl$_2$ 饱和溶液通过交换柱后，用纯水洗涤至 pH =7，并且不允许流出液有损失。

【预习要求及思考题】

1. 预习要求　复习溶度积规则及沉淀的生成和溶解。

2. 思考题

(1)树脂转型可用 HCl，再生时为什么只能用 HNO$_3$，而不能用 HCl？

(2)离子交换过程中，为什么要控制液体的流速，不宜太快？为什么始终要保持液面高于离子交换树脂层？

实验九　氧化还原反应与电极电势

【实验目的】

(1)掌握电极电势对氧化还原反应的影响。

(2)定性观察浓度、酸度对电极电势的影响；浓度、酸度、温度、催化剂对氧化还原反应方向、产物、速度的影响。

(3)了解原电池装置。

【实验原理】

氧化、还原能力的强弱可根据其电极电势的相对大小来衡量。电极电势值越大，则氧化型的氧化能力越强，其氧化型是较强氧化剂。电极电势值越小，则还原型的还原能力越强，其还原型是较强还原剂。只有较强的氧化剂与较强的还原剂反应，即 $E($氧化剂$) - E($还原剂$) > 0$ 时，氧化还原反应可以正向进行。故根据电极电势可以判断氧化还原反应的方向。

利用氧化还原反应而产生电流的装置，称为原电池。原电池的电动势等于正、负两极的电极电势之差：$E_{MF} = E_+ - E_-$。根据能斯特方程：

$$E = E^{\ominus} + \frac{0.0592}{n} \lg \frac{c(\text{氧化型})}{c(\text{还原型})}$$

式中，$c($氧化型$)/c($还原型$)$ 表示氧化型一边各物质浓度幂次方的乘积与还原型一边各物质浓度幂次方乘积之比。所以氧化型或还原型的浓度、溶液的酸度改变时，电极电势 E 值必定发生改变，从而引起电池电动势的发生改变。准确测定电动势是用对消法在电位计上进行的。本实验只是为了定性进行比较，所以采用伏特计。浓度及酸度对电极电势的影响，可能导致氧化还原反应方向的改变，也可能影响氧化还原反应的产物。

【仪器、试剂及其他】

1. 仪器　试管，烧杯(50ml)，表面皿，U 形管，胶头滴管，水浴锅，伏特计，导线。

2. 试剂　HCl (0.1、2mol/L)，H_2SO_4 (1、3mol/L)，HNO_3 (1mol/L、浓)，HAc (3mol/L)，$H_2C_2O_4$ (0.1mol/L)，NaOH (6、10mol/L)，Na_2SO_3 (0.1mol/L)，NH_4SCN (0.1mol/L)，KBr (0.1mol/L)，KI (0.1mol/L)，$KMnO_4$ (0.001mol/L)，$NH_3 \cdot H_2O$ (浓)，$MnSO_4$ (0.1mol/L)，$FeSO_4$ (0.1mol/L)，$FeCl_3$ (0.1mol/L)，$Fe_2(SO_4)_3$ (0.1mol/L)，$CuSO_4$ (1mol/L)，$AgNO_3$ (0.1mol/L)，$ZnSO_4$ (1mol/L)，KIO_3 (0.1mol/L)，Br_2 水，I_2 水，CCl_4 (l)，$(NH_4)_2S_2O_8$ (s)，NH_4F (s)，锌粒，蒸馏水。

3. 其他　琼脂，电极(锌片、铜片)，砂纸，红色石蕊试纸。

【实验内容】

1. 电极电势和氧化还原反应

(1)在试管中分别加入 0.5ml 0.1mol/L KI 溶液和 2 滴 0.1mol/L $FeCl_3$ 溶液，混匀后加入约 0.5ml CCl_4，充分振荡，观察 CCl_4 层颜色有何变化？

(2)用 0.1mol/L KBr 溶液代替 KI 进行同样实验，观察 CCl_4 层颜色有何变化？

(3)分别用溴水和碘水与 0.1mol/L $FeSO_4$ 溶液作用，有何现象？再加入 1 滴 0.1mol/L NH_4SCN 溶液，又有何现象？

根据以上实验现象，定性比较 Br_2/Br^-、I_2/I^-、Fe^{3+}/Fe^{2+} 三个电对电极电势的相对高低，指出哪个物质是最强的氧化剂，哪个物质是最强的还原剂，并说明电极电势和氧化还原反应的关系。

2. 浓度对电极电势的影响

（1）在 2 个 50ml 烧杯中，分别加入 20ml 1mol/L ZnSO$_4$ 和 20ml 1mol/L CuSO$_4$ 溶液。在 ZnSO$_4$ 溶液中插入 Zn 片，在 CuSO$_4$ 溶液中插入 Cu 片，用导线将 Zn 片和 Cu 片分别与伏特计的负极和正极相连，用盐桥连通两个烧杯溶液，测量电动势（图 3 – 1）。

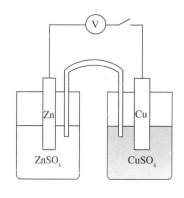

图 3 – 1　原电池装置

（2）取出盐桥，在 CuSO$_4$ 溶液中滴加浓 NH$_3$·H$_2$O 溶液并不断搅拌，至生成的沉淀溶解而形成深蓝色溶液，放入盐桥，观察伏特计有何变化。利用能斯特方程解释实验现象。

$$Cu^{2+} + 2NH_3 \cdot H_2O \Longrightarrow Cu(OH)_2 \downarrow + 2NH_4^+$$
$$Cu(OH)_2 + 4NH_3 \Longrightarrow [Cu(NH_3)_4]^{2+} + 2OH^-$$

（3）再取出盐桥，在 ZnSO$_4$ 溶液中滴加浓 NH$_3$·H$_2$O 溶液并不断搅拌，至生成的沉淀溶解后，放入盐桥，观察伏特计有何变化。利用能斯特方程解释实验现象。

$$Zn^{2+} + 2NH_3 \cdot H_2O \Longrightarrow Zn(OH)_2 \downarrow + 2NH_4^+$$
$$Zn(OH)_2 + 4NH_3 \Longrightarrow [Zn(NH_3)_4]^{2+} + 2OH^-$$

3. 浓度和酸度对氧化还原产物的影响

（1）浓度影响　取 2 支洁净试管，各放一粒锌粒，分别滴加 2 ~ 3 滴浓 HNO$_3$ 和 2ml 1mol/L HNO$_3$，观察所发生现象，写出有关反应式。浓 HNO$_3$ 被还原后的产物可通过观察生成气体的颜色来判断。稀 HNO$_3$ 的还原产物可用气室法检验溶液中是否有 NH$_4^+$ 离子生成的方法来确定。

气室法检验 NH$_4^+$：将 5 滴被检验溶液滴入一个表面皿中，再加 3 滴 10mol/L NaOH 混匀。将另一个较小的表面皿中黏附一小块湿润的红色石蕊试纸，把它盖在大的表面皿上做成气室。将此气室放在水浴上微热 2 分钟，若石蕊试纸变蓝色，则表示有 NH$_4^+$ 存在。

（2）酸度影响　在 3 支试管中，各加入 0.5ml 0.1mol/L Na$_2$SO$_3$ 溶液，再分别加入 1mol/L H$_2$SO$_4$、蒸馏水、6mol/L NaOH 溶液各 0.5ml，摇匀后，向 3 支试管中加入几滴 0.001mol/L KMnO$_4$ 溶液。观察反应产物有何不同？写出有关反应式。

4. 浓度和酸度对氧化还原反应方向的影响

（1）浓度的影响　①在一支试管中加入 1ml 水，1ml CCl$_4$ 和 1ml 0.1mol/L Fe$_2$(SO$_4$)$_3$ 溶液，摇匀后，再加入 1ml 0.1mol/L KI 溶液，振荡后观察 CCl$_4$ 层的颜色。②取另一支试管加入 1ml CCl$_4$，1ml 0.1mol/L FeSO$_4$ 溶液和 1ml 0.1mol/L Fe$_2$(SO$_4$)$_3$ 溶液，摇匀后，再加入 1ml 0.1mol/L KI 溶液，振荡后观察 CCl$_4$ 层的颜色与上一实验中的颜色有何区别？③在以上 2 个试管中分别加入固体 NH$_4$F 少许，振荡后观察 CCl$_4$ 层的颜色变化。

（2）酸度影响　在试管中加入 0.1mol/L KI 溶液 5 滴，再加入 0.1mol/L KIO$_3$ 溶液 5 滴，观察溶液颜色。然后用 2mol/L HCl 溶液酸化，又有何变化？再加入 10mol/L NaOH 溶液，有何变化？写出有关反应方程式，并解释之。

5. 酸度、温度和催化剂对氧化还原反应速度的影响

（1）酸度影响　在 2 支各盛 1ml 0.1mol/L KBr 溶液的试管中，分别加入 3mol/L H$_2$SO$_4$ 和 3mol/L HAc 溶液各 0.5ml，然后往 2 支试管中各加入 2 滴 0.001mol/L KMnO$_4$ 溶液。观察并比较 2 支试管中紫红色褪色的快慢。写出有关反应方程式，并解释之。

（2）温度影响　在 2 支试管中分别加入 1ml 0.1mol/L H$_2$C$_2$O$_4$ 溶液、5 滴 1mol/L H$_2$SO$_4$ 溶液和 1 滴 0.001mol/L KMnO$_4$ 溶液，摇匀，将一支试管放入 80℃ 水浴中加热，另一支不加热，观察 2 支试管褪色的快慢。写出有关反应方程式，并解释之。

（3）催化剂的影响　在2支试管中分别加入2滴0.1mol/L MnSO₄溶液、1ml 1mol/L H₂SO₄和少许固体过硫酸铵[(NH₄)₂S₂O₈]，振荡使其溶解。然后往一支试管中加入2～3滴0.1mol/L AgNO₃溶液，另一支不加，微热。比较两支试管反应现象有何不同？为什么？

【注意事项】

（1）电极Cu片、Zn片及导线头，鳄鱼夹等必须用砂纸打磨干净，若接触不良，会影响伏特计读数，正极接在3V处。

（2）FeSO₄溶液和Na₂SO₃溶液必须新鲜配制。

（3）从滴瓶取用溶液时不能倒持滴管，也不能将滴管插入试管中，而要悬空从试管上方按实验用量滴入，用完立即插回原试液滴瓶中。

（4）向试管中加入锌粒时，要将试管倾斜，让锌粒沿试管内壁滑到底部。

【预习要求及思考题】

1. 预习要求

（1）预习能斯特方程，浓度、酸度、温度等对电极电势的影响。

（2）预习原电池的原理及伏特计使用。

2. 思考题

（1）哪些因素会影响电极电势？怎样影响？

（2）为什么K₂Cr₂O₇能氧化浓HCl中的Cl⁻，而不能氧化浓度比HCl大得多的NaCl浓溶液中的Cl⁻？

（3）如何将反应KMnO₄+KI+H₂SO₄→MnSO₄+I₂+H₂O设计成一个原电池？写出原电池符号及电极反应式。

（4）如何理解"电极本性对电极电势的影响"？

（5）若用饱和甘汞电极来测定锌电极的电极电势，应如何组成电池？写出原电池符号及电极反应式。

[附注] 盐桥的制法

称取1g琼脂，放在100ml饱和KCl溶液中浸泡一会，加热煮成糊状，趁热倒入U形玻璃管（里面不能有气泡）中，冷却后即成。

实验十　配合物的生成、性质与应用

【实验目的】

（1）熟悉几种不同类型的配合物的生成，比较配合物与简单化合物、复盐的区别；影响配位平衡移动的因素。

（2）了解螯合物的形成。

（3）学会过滤和试管的使用等基本操作。

【实验原理】

由中心离子（或原子）和一定数目的中性分子或阴离子通过形成配位共价键相结合而成的复杂结构单元称配合单元，凡是由配合单元组成的化合物称配位化合物。在配合物中，中心离子已体现不出其游离存在时的性质。而在简单化合物或复盐的溶液中，各种离子都能体现出游离离子的性质。由此，可以区分配合物、简单化合物和复盐。

配合物在水溶液中存在配位平衡。

$$M^{n+} + aL^- \rightleftharpoons ML_a^{n-a}$$

配合物的稳定性可用平衡常数 $K_{稳}^{\ominus}$ 来衡量。根据化学平衡移动的知识可知，增加配体或中心离子浓度有利于配合物的形成，而降低配体或中心离子的浓度则有利于配合物的解离。因此，当有弱酸或弱碱作为配体时，溶液酸碱性的改变会导致配合物的解离。若加入沉淀剂能与中心离子形成沉淀反应，则会减少中心离子的浓度，使配位平衡朝解离的方向移动，最终导致配合物的解离。若另加入一种配体，能与已沉淀的中心离子形成稳定性更好的配合物，则又可能使沉淀溶解。总之，配位平衡与沉淀平衡的关系是朝着生成更难解离或更难溶解的物质的方向移动。

中心离子与配体结合形成配合物后，由于中心离子的浓度发生了改变，因此电极电势值也改变，从而改变了中心离子的氧化还原能力。

中心离子与多基配体反应可生成具有环状结构的稳定性很好的螯合物。很多金属螯合物具有特征颜色，且难溶于水而易溶于有机溶剂。有些特征反应常用来作为金属离子的鉴定反应。

【仪器、试剂及其他】

1. 仪器 试管，离心试管，试管架，漏斗，点滴板，洗瓶，离心机。

2. 试剂 H_2SO_4（0.1、2mol/L），NaOH（0.1mol/L），$NH_3 \cdot H_2O$（2、6mol/L），NaCl（0.1mol/L），Na_2S（0.1mol/L），$Na_2S_2O_3$（0.1mol/L），$Na_2S_2O_3$（饱和），KBr（0.1mol/L），KI（0.1mol/L），KSCN（0.1mol/L），NH_4F（2mol/L），$(NH_4)_2C_2O_4$（饱和），$K_3[Fe(CN)_6]$（0.1mol/L），$NH_4Fe(SO_4)_2$（0.1mol/L），$CuSO_4$（0.1mol/L），$AgNO_3$（0.1mol/L），$HgCl_2$（0.1mol/L），$BaCl_2$（0.1mol/L），$FeCl_3$（0.1mol/L），EDTA（0.1mol/L），CCl_4（1），乙醇（95%），邻菲罗啉（0.25%）。

3. 其他 滤纸。

【实验内容】

1. 配合物的制备

（1）含正配离子的配合物 往试管中加入2ml 0.1mol/L $CuSO_4$溶液，逐滴加入2mol/L氨水溶液，产生沉淀后仍继续滴加氨水，直至变为深蓝色溶液为止。然后加入约4ml乙醇，振荡试管，观察现象。过滤，所得晶体为何物？在漏斗下端另换一支试管，直接在滤纸的晶体上逐滴加入2mol/L氨水溶液（约2ml）使晶体溶解（保留此溶液供下面实验用）。写出离子反应方程式。

（2）含负配离子的配合物 往试管中加入2滴0.1mol/L $HgCl_2$溶液，逐滴加入0.1mol/L KI溶液，注意最初有沉淀生成，后来变为配合物而溶解（保留此溶液供下面实验用）。写出离子反应方程式。

2. 配位化合物与简单化合物、复盐的区别

（1）取2支试管，各加5滴实验1（1）中所得溶液，在其中一支试管中加入2滴0.1mol/L NaOH溶液，在另一支试管中，滴入2滴0.1mol/L $BaCl_2$溶液。观察现象，写出离子反应方程式。

另取2支试管各加5滴0.1mol/L $CuSO_4$溶液，然后在一支试管中加入2滴0.1mol/L NaOH溶液，在另一支试管中，加入2滴0.1mol/L $BaCl_2$溶液。比较2次实验的结果，并简单解释之。

（2）在实验1（2）所得溶液中加入几滴0.1mol/L NaOH溶液，观察现象，写出离子反应方程式。

另取一支试管，加入2滴0.1mol/L $HgCl_2$溶液，再加入1~2滴0.1mol/L NaOH溶液，比较两次实验的结果，并简单解释之。

（3）用实验证明铁氰化钾是配合物，硫酸铁铵是复盐，写出实验步骤并进行实验（利用现有的试剂，自行设计实验方案）。

3. 配位平衡的移动

（1）配合物的取代反应 取5滴0.1mol/L $FeCl_3$溶液于试管中，加入1滴0.1mol/L KSCN溶液，溶液呈何颜色？然后滴加2mol/L NH_4F溶液至溶液变为无色，再滴加饱和$(NH_4)_2C_2O_4$溶液，至溶液变为黄绿色。写出离子反应方程式并解释之。

（2）配位平衡与沉淀–溶解平衡　在一支试管中加 3 滴 0.1mol/L AgNO$_3$溶液，然后按下列次序进行实验（均在同一支试管中进行），并写出每一步的反应方程式。

1）加 1 滴 0.1mol/L NaCl 溶液有沉淀生成。

2）加入 6mol/L 氨水溶液至上述沉淀刚刚溶解。

3）加入 1 滴 0.1mol/L KBr 溶液至刚有沉淀生成。

4）加入 0.1mol/L Na$_2$S$_2$O$_3$ 溶液，边滴边剧烈振摇至沉淀刚刚溶解。

5）加入 1 滴 0.1mol/L KI 溶液至刚有沉淀生成。

6）加入饱和 Na$_2$S$_2$O$_3$ 溶液至沉淀刚刚溶解。

7）加入 0.1mol/L Na$_2$S 溶液至刚有沉淀生成。

试根据几种沉淀的溶度积和几种配离子的稳定常数的大小解释上述实验现象。

（3）配位平衡与氧化还原反应的关系　取 2 支试管，各加入 5 滴 0.1mol/L FeCl$_3$溶液及 10 滴 CCl$_4$。然后在一支试管中加入 2mol/L NH$_4$F 溶液至溶液变为无色（记下滴数），再加 3 滴 0.1mol/L KI 溶液；另一支试管中加入与前一试管加入的 NH$_4$F 溶液等量的水，再加 3 滴 0.1mol/L KI 溶液。比较两试管中 CCl$_4$层的颜色，解释现象并写出有关离子反应方程式。

（4）配位平衡和酸碱反应

1）在一支试管中加入 5 滴实验 1（1）中自制的硫酸四氨合铜（Ⅱ）溶液，再加入数滴 2mol/L H$_2$SO$_4$溶液，至溶液呈酸性，观察现象，写出反应方程式。

2）取一支试管，加入 3 滴 0.1mol/L FeCl$_3$ 溶液和 1 滴 0.1mol/L KSCN 溶液，再逐滴加入 2mol/L NaOH 溶液，观察现象，写出反应方程式。

4. 螯合物的形成

（1）取 2 支试管，一支加入 5 滴 FeCl$_3$和 1 滴 0.1mol/L KSCN 溶液，另一支加入 6 滴 [Cu(NH$_3$)$_4$]$^{2+}$ 溶液，然后分别滴加 0.1mol/L EDTA 溶液，观察现象并解释。

（2）Fe^{2+}离子与邻菲罗啉在微酸性溶液中反应，生成橘红色的配离子。

在白瓷点滴板上加 1 滴 0.1mol/L FeSO$_4$溶液和 1 滴 0.25% 邻菲罗啉溶液，观察现象。此反应可作为 Fe^{2+} 的鉴定反应。同时可用 Fe^{3+}加邻菲罗啉溶液作对比。

【注意事项】

（1）HgCl$_2$毒性很大，使用时要注意安全。切勿使其入口或与伤口接触，用完试剂后必须洗手，剩余的废液不能随便倒入下水道。

（2）在实验 3（2）的操作中要注意：凡是生成沉淀的，沉淀量要少，即到刚生成沉淀为宜。凡是使沉淀溶解的步骤，加入试液量越少越好，即使沉淀刚溶解为宜。因此，溶液必须逐滴加入，且边滴边摇，若试管中溶液量太多，可在生成沉淀后，先离心弃去清液，再继续进行实验。

【预习要求及思考题】

1. 预习要求

（1）预习配合物、简单化合物、复盐的不同之处。

（2）预习配位平衡与沉淀反应、氧化还原反应、溶液酸碱性的关系。

（3）预习常压过滤的操作方法。

2. 思考题

（1）总结本实验中所观察到的现象以及影响配位平衡的因素有哪些？

（2）配合物与复盐的主要区别是什么？

（3）为什么硫化钠溶液不能使亚铁氰化钾溶液产生硫化亚铁沉淀，而饱和的硫化氢溶液能使铜氨配合物的溶液产生硫化铜沉淀？

（4）实验中所用 EDTA 是什么物质？它与单基配体有何区别？

实验十一　硫酸亚铁铵的制备

【实验目的】

（1）学会复盐硫酸亚铁铵的制备方法。

（2）练习和巩固水浴加热、蒸发浓缩、结晶、减压过滤等基本操作。

（3）掌握用目视比色法检验产品的质量等级。

【实验原理】

硫酸亚铁铵，分子式为 $(NH_4)_2Fe(SO_4)_2 \cdot 6H_2O$，俗称摩尔盐，为浅绿色晶体，易溶于水，难溶于乙醇。在空气中比亚铁盐稳定，不易被氧化，在定量分析中常用于配制亚铁离子的标准溶液。

常用的制备方法是先用铁与稀硫酸作用制得 $FeSO_4$，$FeSO_4$ 再与 $(NH_4)_2SO_4$ 在水溶液中等量作用生成硫酸亚铁铵，由于复盐的溶解度比单盐要小，因此溶液经蒸发浓缩、冷却后，复盐在水溶液中先结晶，形成 $(NH_4)_2FeSO_4 \cdot 6H_2O$ 晶体。

$$Fe + H_2SO_4 === FeSO_4 + H_2 \uparrow$$

$$FeSO_4 + (NH_4)_2SO_4 + 6H_2O === FeSO_4 \cdot (NH_4)_2SO_4 \cdot 6H_2O$$

产品中主要的杂质是 Fe^{3+}，产品质量的等级也常以 Fe^{3+} 含量多少来衡量，本实验采用目视比色法进行产品质量的等级评定。

将样品配制成溶液，在一定条件下，与含一定量杂质离子的系列标准溶液进行比色或比浊，以确定杂质含量范围。如果样品溶液的颜色或浊度不深于标准溶液，则认为杂质含量低于某一规定限度，这种分析方法称为限量分析。

【仪器、试剂及其他】

1. 仪器　锥形瓶（150ml），容量瓶（250ml），烧杯，量筒，移液管，奈氏比色管（25ml），玻璃棒，漏斗，布氏漏斗，抽滤瓶，酒精灯，表面皿，蒸发皿，温度计，电炉，石棉网，铁架台，铁圈，电子天平，水浴锅。

2. 试剂　H_2SO_4（3mol/L），NaOH（40%），KSCN（25%），$K_3[Fe(CN)_6]$（0.1mol/L），$BaCl_2$（25%），$(NH_4)_2SO_4$（s），乙醇（95%），铁屑。

3. 其他 滤纸，pH 试纸。

【实验内容】

1. 铁屑的净化（除去油污） 用电子天平称取 2.0g 铁屑，放入 150ml 锥形瓶中，加入 20ml 10% Na_2CO_3 溶液，加热煮沸除去油污。倾去碱液，用水洗铁屑至中性（如果用纯净的铁屑，可省去这一步）。

2. $FeSO_4$ 溶液的制备 将称好的 2.0g 铁屑放入 150ml 锥形瓶中，加入 15ml 3mol/L 的 H_2SO_4 溶液，加盖一小烧杯（防止水蒸发），置于通风橱中水浴加热（温度低于 80℃）至不再有气体冒出为止（该反应约需 40 分钟，此时可配制硫酸铵饱和溶液）。反应完全后再拿掉小烧杯，敞开约 2 分钟，以除去一些有毒气体，加热过程中需适当补充热蒸馏水，以保持原体积。将抽滤瓶及布氏漏斗放入烘箱加热。趁热抽滤，并用约 2ml 热蒸馏水洗涤锥形瓶及滤渣，滤液迅速转移到清洁的盛有饱和 $(NH_4)_2SO_4$ 溶液的蒸发皿中。

3. 硫酸铵饱和溶液的配制 根据硫酸亚铁的理论产量计算所需硫酸铵的质量，称取相应量将其配成饱和溶液。

硫酸铵在不同温度下的溶解度数据（单位：g/100g H_2O）

温度（℃）	10	20	30	40	50
溶解度	70.6	73.0	75.4	78.0	81.0

4. 硫酸亚铁铵的制备 将混合液在酒精灯或电炉上蒸发、浓缩至溶液表面刚有结晶膜出现，移走酒精灯，放置，在室温下用冷水浴缓慢冷却，即有硫酸亚铁铵晶体析出，观察晶体颜色。用布氏漏斗抽滤，尽可能使母液与晶体分离完全，用少量冷水洗涤一次（不抽气的情况下润湿晶体），再抽滤除去水分，用少量乙醇洗去晶体表面所附着的水分。将晶体取出置于 2 张洁净的滤纸之间，并轻压以吸干母液。称重，记录产品性状，并计算理论产量和产率。

5. 质量检测

(1) 试设计实验方案证明产品中含有 NH_4^+、Fe^{2+} 和 SO_4^{2-}。

(2) Fe^{3+} 的检验（限量分析）

1）配制浓度为 0.0100mg/ml 的 Fe^{3+} 标准溶液 准确称取 0.0216g $NH_4Fe(SO_4)_2 \cdot 12H_2O$ 于烧杯中，先加入少量蒸馏水溶解，再加入 6ml 的 3mol/L H_2SO_4 溶液酸化，用蒸馏水将溶液在 250ml 容量瓶中定容。此溶液中 Fe^{3+} 浓度即为 0.0100mg/ml。

2）配制标准色阶 用移液管分别移取 Fe^{3+} 标准溶液 5.00、10.00、20.00ml 于比色管中，各加 1ml 3mol/L 的 H_2SO_4 和 1ml 25% 的 KSCN 溶液，再用新煮沸过放冷的蒸馏水将溶液稀释至 25ml，摇匀，即得含 Fe^{3+} 量分别为 0.05mg（一级）、0.10mg（二级）和 0.20mg（三级）的三个等级标准液。

3）产品等级的确定 称取 1.0g 硫酸亚铁铵晶体，加入 15ml 不含氧的蒸馏水溶解，定量转移至 25ml 比色管中再加 1ml 3mol/L H_2SO_4 和 1ml 25% KSCN 溶液，最后加入不含氧的蒸馏水将溶液稀释到 25ml，摇匀，与标准溶液进行目视比色，确定产品的等级。

【注意事项】

(1) 在制备 $FeSO_4$ 时，水浴加热的温度不要超过 80℃，以免反应过于剧烈。

(2) 在制备 $FeSO_4$ 时，保持溶液 pH≤1，以使铁屑与硫酸溶液的反应能不断进行。

(3) 在检验产品中 Fe^{3+} 含量时，为防止 Fe^{2+} 被溶解在水中的氧气氧化，可将蒸馏水加热至沸腾，以赶出水中溶入的氧气。

(4) 制备硫酸亚铁铵晶体时，溶液必须呈酸性，蒸发浓缩时不需要搅拌，不可浓缩至干。

【预习要求及思考题】

1. 预习要求

（1）预习沉淀的分离与洗涤，蒸发、结晶和过滤内容。

（2）预习奈氏比色管的使用。

（3）预习配合物与复盐的区别，配位平衡基本原理。

2. 思考题

（1）水浴加热时应注意什么问题？

（2）怎样确定所需要的硫酸铵用量？如何配制硫酸铵饱和溶液？

（3）为什么在制备硫酸亚铁时要使铁过量？

（4）为什么制备硫酸亚铁铵时要保持溶液有较强的酸性？

实验十二 银氨配离子配位数的测定

【实验目的】

（1）测定银氨配离子的配位数。

（2）巩固配位平衡及沉淀－溶解平衡等知识。

【实验原理】

向含有一定量的 KBr 和 NH_3 的水溶液中滴加 $AgNO_3$ 溶液，直到出现的 AgBr 沉淀不消失（溶液浑浊）为止。此时混合溶液中同时存在配位平衡和沉淀－溶解平衡。

$$Ag^+ + nNH_3 \rightleftharpoons [Ag(NH_3)_n]^+$$

$$K_{稳}^\ominus = \frac{[Ag(NH_3)_n^+]}{[Ag^+][NH_3]^n}$$

$$Ag^+ + Br^- \rightleftharpoons AgBr \downarrow$$

$$K_{sp}^\ominus(AgBr) = [Ag^+][Br^-]$$

作为配位剂的 NH_3 和沉淀剂 Br^- 同时争夺溶液中的 Ag^+，在一定条件下，建立配位－沉淀的竞争平衡。

$$AgBr(s) + nNH_3 \rightleftharpoons [Ag(NH_3)_n]^+ + Br^-$$

$$K^\ominus = \frac{[Ag(NH_3)_n^+][Br^-]}{[NH_3]^n} = K_{稳}^\ominus \times K_{sp}^\ominus(AgBr)$$

整理上式得

$$[Ag(NH_3)_n^+][Br^-] = K^\ominus[NH_3]^n$$

两边取对数即得直线方程

$$\lg[Ag(NH_3)_n^+][Br^-] = n\lg[NH_3] + \lg K^\ominus$$

将 $\lg[Ag(NH_3)_n^+][Br^-]$ 对 $\lg[NH_3]$ 作图，可得一条直线，其斜率即为 $[Ag(NH_3)_n]^+$ 的配位数 n。由截距 $\lg K^\ominus$ 可求得 $K^\ominus$，再根据 $K_{sp}^\ominus(AgBr)$ 的数值，可计算出 $[Ag(NH_3)_n^+]$ 的稳定常数。

$[Br^-]$、$[NH_3]$、$[Ag(NH_3)_n]^+$ 皆指相对平衡浓度，可近似按以下方法计算。

设平衡体系中，最初所取的 KBr 溶液和氨水的体积分别为 $V(Br^-)$、$V(NH_3)$，浓度分别为 $[Br^-]_0$、$[NH_3]_0$，加入 $AgNO_3$ 溶液的体积为 $V(Ag^+)$，浓度为 $[Ag^+]_0$，混合溶液的总体积为 $V(总)$，则：$V(总) = V(Br^-) + V(NH_3) + V(Ag^+)$

$$[Br^-] = [Br^-]_0 \cdot \frac{V(Br^-)}{V(总)}$$

$$[NH_3] = [NH_3]_0 \cdot \frac{V(NH_3)}{V(总)}$$

$$[Ag(NH_3)_n^+] = [Ag^+]_0 \cdot \frac{V(Ag^+)}{V(总)}$$

【仪器与试剂】

1. 仪器　酸式滴定管(棕色50ml)，碱式滴定管(50ml)，移液管(25ml)，锥形瓶(250ml)，滴定台。

2. 试剂　$NH_3 \cdot H_2O$(2.00mol/L)，KBr(0.010mol/L)，$AgNO_3$(0.010mol/L)。

【实验内容】

用酸式滴定管(最好用棕色的)装 0.010mol/L $AgNO_3$ 溶液，用碱式滴定管装 2.00mol/L $NH_3 \cdot H_2O$，把液面都调至零刻度，夹在滴定台上。

用移液管移取 25.00ml 已知准确浓度的 KBr 溶液，加到洗净烘干的 250ml 锥形瓶内，由碱式滴定管加入 12.00ml 氨水后，再从酸式滴定管中滴入 0.010mol/L $AgNO_3$ 溶液，边滴边摇锥形瓶，刚开始出现不消失的浑浊时，停止滴定。记录所用 $AgNO_3$ 溶液的体积 V_1，加入的 $V(Br^-)$ = 25.00ml，$V(NH_3)$ = 12.00ml。这是第一次滴定。

继续向同一锥形瓶中加入 3.00ml 氨水，使两次所加氨水的累计体积为 15.00ml，然后继续滴加 $AgNO_3$ 溶液，同样滴至刚出现不消失的浑浊为止。记录两次累计用去 $AgNO_3$ 溶液的体积 V_2，$V(Br^-)$ = 25.00ml，$V(NH_3)$ = 15.00ml。这是第二次滴定。

继续滴定 4 次，记录加入氨水的体积，累计分别为 19.00、24.00、31.00、45.00ml，记录滴入 $AgNO_3$ 溶液的累计体积为 V_3、V_4、V_5、V_6。

计算各次滴定中的 $[Br^-]$、$[Ag(NH_3)_n^+]$、$[NH_3]$、$\lg[Ag(NH_3)_n^+][Br^-]$ 及 $\lg[NH_3]$，计算结果填入下表。

【数据记录与结果处理】

滴定序号	1	2	3	4	5	6
$V(Br^-)$(ml)	25.00	25.00	25.00	25.00	25.00	25.00
$V(NH_3)$(ml)	12.00	15.00	19.00	24.00	31.00	45.00
$V(Ag^+)$(ml)						
$V(总)$(ml)						
$[Br^-]$(mol/L)						
$[NH_3]$(mol/L)						
$[Ag(NH_3)_n^+]$(mol/L)						
$\lg[Ag(NH_3)_n^+][Br^-]$						
$\lg[NH_3]$						

(1)以 $\lg[Ag(NH_3)_n^+][Br^-]$ 为纵坐标，$\lg[NH_3]$ 为横坐标作图，视实验数值范围选择比例尺，坐标不一定从零开始。

(2)由图上截距和查到的 $K_{sp}^{\ominus}$(AgBr)求总平衡常数 $K^{\ominus}$ 和 $K_{稳}^{\ominus}$，用直线的斜率求银氨配离子的配位数 n。

【注意事项】

(1)本实验所用锥形瓶必须是干燥的，量取 KBr 溶液时体积要准确，否则会影响实验结果。

(2)滴定终点的确定也很重要，要以刚产生白色浑浊又不消失为准。在接近出现浑浊时要逐滴或半滴地加入 $AgNO_3$ 溶液。

(3)$NH_3 \cdot H_2O$ 必须是新鲜配置和标定的。

【预习要求及思考题】

1. 预习要求　阅读实验教材中关于"酸式滴定管、碱式滴定管、移液管的使用"部分内容。

2. 思考题

(1)本实验所用锥形瓶为什么必须是干燥的？且在滴定过程为什么不能用水冲洗瓶壁？

(2)滴定时，若加入的 $AgNO_3$ 溶液已过量，有无必要弃去瓶中溶液，重新进行滴定？

实验十三　三草酸合铁（Ⅲ）酸钾的制备和性质

【实验目的】

(1)掌握水溶液中制备无机物的一般方法。

(2)熟悉三草酸合铁（Ⅲ）酸钾的制备方法。

(3)了解制备过程中化学平衡原理的应用。

【实验原理】

三草酸合铁（Ⅲ）酸钾为翠绿色单斜晶系晶体，易溶于水（20℃，4.7g/100g 水；100℃，117.7g/100g 水），难溶于醇、醚、酮等有机溶剂。因其具有光敏活性，早期用作工程晒图材料。常用的制备原料多是铁（Ⅱ）盐，可经两种不同路径制得产物。①首先经氧化、沉淀反应得到 $Fe(OH)_3$ 沉淀，再与草酸、氢氧化钾反应生成三草酸合铁（Ⅲ）酸钾配合物；②是先通过沉淀反应得到草酸亚铁，再经过氧化还原、配位反应等步骤制得目标产物。

本制备实验采用第二法：以硫酸亚铁铵为原料，先与草酸作用制备出草酸亚铁，再在草酸与草酸钾存在下，以过氧化氢为氧化剂，得到三草酸合铁（Ⅲ）酸钾配合物。改变溶剂极性并加少量盐析剂后，即可得到目标产物晶体。主要反应为

$$(NH_4)_2Fe(SO_4)_2 + H_2C_2O_4 + 2H_2O \Longrightarrow FeC_2O_4 \cdot 2H_2O\ (s) \downarrow + (NH_4)_2SO_4 + H_2SO_4$$

$$2FeC_2O_4 \cdot 2H_2O + H_2O_2 + 3K_2C_2O_4 + H_2C_2O_4 \Longrightarrow 2K_3[Fe(C_2O_4)_3] \cdot 3H_2O \downarrow$$

目标化合物极易感光，室温下光照变黄色，发生下列光化学反应。

$$2[Fe(C_2O_4)_3]^{3-} \xrightarrow{hv} 2FeC_2O_4 + 3C_2O_4^{2-} + 2CO_2 \uparrow$$

因它在日光直射或强光下分解生成的草酸亚铁遇六氰合铁（Ⅲ）酸钾生成滕氏蓝，反应为

$$3FeC_2O_4 + 2K_3[Fe(CN)_6] \Longrightarrow Fe_3[Fe(CN)_6]_2 + 3K_2C_2O_4$$

因此，可制成感光纸，进行感光实验。另外由于它的光化学活性，在光化学研究上常作为光量子效率的试剂。

【仪器、试剂及其他】

1. 仪器 烧杯（200ml），量筒（10、100ml），试管，玻璃棒，漏斗，抽滤瓶，布氏漏斗，表面皿，高压汞灯，托盘天平，水浴锅。

2. 试剂 H_2SO_4（3mol/L），$H_2C_2O_4$（饱和），H_2O_2（3%），KNO_3（3mol/L），$K_2C_2O_4$（饱和），$K_3[Fe(CN)_6]$（5%），$(NH_4)_2Fe(SO_4)_2 \cdot 6H_2O$（s），乙醇（95%），丙酮。

3. 其他 定量滤纸，晒图纸，硫酸纸。

【实验内容】

1. 草酸亚铁沉淀的制备 称取5g摩尔盐（或等摩尔数的氯化亚铁或硫酸亚铁）于200ml烧杯中，加入15ml蒸馏水和几滴3mol/L的H_2SO_4溶液，加热溶解后再加入25ml饱和$H_2C_2O_4$溶液，加热至沸，搅拌，停止加热，静置，析出黄色草酸亚铁沉淀。用倾析法弃去上层清液，加入25ml水，搅拌并温热，静置，弃去上层清液，即得草酸亚铁黄色晶体。

2. 三草酸合铁（Ⅲ）酸钾的制备 在上述草酸亚铁沉淀中，加入10ml饱和$K_2C_2O_4$溶液，水浴加热至40℃，恒温，向其中缓慢滴加20ml 3%的H_2O_2溶液，边加边搅拌，加完后将溶液加热至沸，慢慢加入8ml饱和$H_2C_2O_4$溶液，趁热过滤，滤液中加入10ml乙醇（95%），混匀后冷却，观察是否有翠绿色晶体析出。若无晶体析出，可向其中滴加KNO_3溶液至有大量晶体出现。晶体析出完全后减压抽滤（最好覆以黑纸避光），然后用乙醇–丙酮混合液（$V:V=1:1$）10ml淋洗滤饼，尽量抽干，将产品置于表面皿上用滤纸吸干，称重，计算产率，置于暗处保存。

3. 光化学活性实验

(1)将少许产品放在表面皿上，在日光下观察晶体颜色变化，与放在暗处的晶体比较。

(2)在一张6cm×6cm的硫酸纸上，用碳素笔描画一些图形，待墨干备用。另取上述产品三草酸合铁（Ⅲ）酸钾加水5ml配成1%溶液，将其涂在与硫酸纸同样大小的描图纸（或复印纸）上，置暗处稍干，与硫酸纸叠放在一起，移至汞灯光源下曝光5分钟（也可在太阳光下直晒，但时间较长），然后用5%铁氰化钾（赤血盐）溶液涂刷在曝光过的晒图纸上，观察现象，写出相应的反应方程式。

(3)制感光纸 按三草酸合铁（Ⅲ）酸钾0.3g、铁氰化钾0.4g加水5ml的比例配成溶液，涂在纸上即成感光纸（黄色）。附上图案，在日光直照下（数秒钟）或汞灯下照射数分钟，曝光部分呈深蓝色，被遮盖没有曝光部分即显影出图案来。

【注意事项】

(1)此产品制备需注意避光，干燥，所得成品也要放在暗处。

(2)三草酸合铁（Ⅲ）酸钾见光变黄色应为草酸亚铁与碱式草酸铁的混合物。

【预习要求及思考题】

1. 预习要求

(1)预习沉淀的分离与洗涤，蒸发、结晶和过滤内容。

(2)预习沉淀溶解平衡、氧化还原反应、配位平衡等基本原理。

2. 思考题

(1)如何证明所制得的产品不是单盐而是配合物？

(2)三草酸合铁（Ⅲ）酸钾见光易分解，应如何保存？

(3)写出各步反应现象和反应方程式，并根据摩尔盐的量计算产率。

(4)试设计该配合物的另一合成路线及操作步骤。

实验十四 铬、锰、铁

【实验目的】

(1) 熟悉铬、锰、铁各种主要氧化态之间的转化。

(2) 了解铬(Ⅵ)、锰(Ⅶ)化合物的氧化还原性以及介质对氧化还原反应的影响；铬、锰、铁元素的化合物及氢氧化物的性质。

【实验原理】

铬(Cr)、锰(Mn)、铁(Fe)为 d 区元素，位于周期表ⅥB、ⅦB 和Ⅷ族，Cr 常见氧化态为 +3、+6；Mn 为 +2、+4、+6、+7；Fe 为 +2、+3。在化合物中 Cr、Mn 的最高氧化数和族数相等，Fe 的最高氧化数小于族数。

Cr、Mn、Fe 的盐类固体或水溶液通常都有颜色，如水溶液中 K_2CrO_4 呈黄色、$K_2Cr_2O_7$ 呈橙色、K_2MnO_4 呈深绿色、$KMnO_4$ 呈紫红色、MnO_2 呈棕黑色、$FeCl_3$ 呈棕黄色等。它们的氢氧化物呈弱碱性或两性，如 $Cr(OH)_3$ 呈灰绿色，两性；$Mn(OH)_2$ 呈白色，碱性；$Fe(OH)_2$ 呈白色，碱性；$Fe(OH)_3$ 呈红棕色，两性极弱；$Mn(OH)_2$ 和 $Fe(OH)_2$ 极易被空气氧化为 $MnO(OH)_2$（棕黑）和 $Fe(OH)_3$（红棕色）。

碱性条件，在强氧化剂作用下 Cr(Ⅲ)被氧化成 Cr(Ⅵ)，如

$$2CrO_2^- + 3H_2O_2 + 2OH^- \rightleftharpoons 2CrO_4^{2-} + 4H_2O$$

酸性条件，在还原剂作用下 Cr(Ⅵ)被还原成 Cr(Ⅲ)，如

$$Cr_2O_7^{2-} + 3S^{2-} + 14H^+ \rightleftharpoons 2Cr^{3+} + 3S\downarrow + 7H_2O$$

铬酸盐和重铬酸盐在溶液中存在下列单聚与二聚的转化平衡。

$$2CrO_4^{2-} + 2H^+ \rightleftharpoons Cr_2O_7^{2-} + H_2O$$

加酸使平衡向右移动，溶液颜色由黄色变为橙色；加碱可使平衡向左移动，溶液颜色由橙色变为黄色。通常多酸难溶盐溶解度比单酸盐大，故在 $K_2Cr_2O_7$ 溶液中加入 Pb^{2+}、Ba^{2+}、Ag^+，实际生成 $PbCrO_4$ 黄色沉淀、$BaCrO_4$ 黄色沉淀、Ag_2CrO_4 砖红色沉淀。

MnO_2 在强碱存在时与氧化剂 $KClO_3$ 作用生成深绿色 Mn(Ⅵ)化合物，其在水溶液中或微酸性溶液中极易歧化。

$$3K_2MnO_4 + 4HAc \rightleftharpoons 2KMnO_4 + MnO_2\downarrow + 4KAc + 2H_2O$$

$KMnO_4$ 是强氧化剂，它的还原产物与介质酸碱性有关。在酸性溶液中 MnO_4^- 被还原成无色 Mn^{2+}，在中性溶液中被还原为棕黑色 MnO_2，在强碱性介质中被还原成绿色 MnO_4^{2-}。

Fe^{3+} 有一定的氧化性，Fe^{2+} 则为常见还原剂，它们都易和 CN^- 形成配合物，其配合物还可用于相互鉴别，如 Fe^{3+} 与 $[Fe(CN)_6]^{4-}$ 反应、Fe^{2+} 与 $[Fe(CN)_6]^{3-}$ 反应均生成深蓝色沉淀，前者称普鲁士蓝，后者称滕氏蓝。但它们的晶体结构相同，均为 $[KFe^{II}Fe^{III}(CN)_6]$。

【仪器与试剂】

1. 仪器 烧杯(50ml)，试管，离心管，直形滴管，洗瓶，试管架等。

2. 试剂 H_2SO_4(2、6mol/L)，HAc(2mol/L)，H_2O_2(3%)，NaOH(2、6mol/L)，Na_2SO_3(0.1mol/L 新配制)，KI(0.1mol/L)，KSCN(0.1mol/L)，$KMnO_4$(0.01mol/L)，$KCr(SO_4)_2$(0.1mol/L)，$K_2Cr_2O_7$(0.1mol/L)，$K_4[Fe(CN)_6]$(0.1mol/L)，$K_3[Fe(CN)_6]$(0.1mol/L)，$(NH_4)_2S$(2mol/L)，$Pb(NO_3)_2$(0.1mol/L)，$MnSO_4$(0.1mol/L)，$FeCl_3$(0.1mol/L)，CCl_4(1)，PbO_2(s)，KOH(s)，$KClO_3$(s)，MnO_2

(s)，$(NH_4)_2Fe(SO_4)_2 \cdot 6H_2O$(s)，淀粉溶液。

【实验内容】

1. 铬(Ⅲ)化合物

(1)$Cr(OH)_3$的产生　取 2 支试管，分别加入 0.1mol/L $KCr(SO_4)_2$ 5 滴和 2mol/L NaOH 1~2 滴，观察灰绿色 $Cr(OH)_3$ 沉淀的生成。

(2)$Cr(OH)_3$的两性　向上述 2 支试管中分别滴加 2mol/L H_2SO_4 溶液和 2mol/L NaOH 溶液，有何变化，写出反应方程式。

(3)Cr(Ⅲ)被氧化　向上面制得的绿色 $NaCrO_2$ 溶液中加入 3% H_2O_2 3~4 滴并加热，观察现象的变化，写出反应方程式。

2. 铬(Ⅵ)化合物

(1)CrO_4^{2-} 与 $Cr_2O_7^{2-}$ 间的平衡移动　在 1 支试管中加 4 滴 0.1mol/L $K_2Cr_2O_7$，观察溶液的颜色。加入数滴 2mol/L NaOH 溶液，观察颜色变化，再加入数滴 2mol/L H_2SO_4，颜色又有何变化？

在 1 支试管中加 4 滴 0.1mol/L $K_2Cr_2O_7$ 溶液，再滴加 2 滴 0.1mol/L $Pb(NO_3)_2$，观察 $PbCrO_4$ 沉淀的生成。

(2)Cr(Ⅵ)的氧化性　在 1 支试管中加入 4 滴 0.1mol/L $K_2Cr_2O_7$ 溶液，加 2 滴 2mol/L H_2SO_4 溶液酸化，再加 2 滴 2mol/L $(NH_4)_2S$ 溶液，微热，观察现象及颜色变化，由于有少量 H_2S 气体产生，可在通风橱内进行。

3. 锰(Ⅱ)化合物

(1)$Mn(OH)_2$的生成和性质　在 10 滴 0.1mol/L $MnSO_4$ 溶液中，加 5 滴 2mol/L NaOH 溶液，立即观察现象(不振摇)，放置后再观察现象有何变化，过程中尽量排除 O_2 的干扰。

(2)Mn(Ⅱ)的氧化　往试管中加入少许 PbO_2(s)、2ml 6mol/L H_2SO_4 及 1 滴 0.1mol/L $MnSO_4$ 溶液，将试管用小火加热，小心振荡，反应完后从试管中取少许溶液到点滴板上观察溶液的颜色，写出反应式，并用电极电势解释之。

4. 锰(Ⅵ)化合物

(1)K_2MnO_4的生成　将一小试管烘干后放入一小粒 KOH 和约等体积的 $KClO_3$ 晶体(尽可能少取)，加热至熔结在一起后(加热时试管口稍低于试管底部，以防止水蒸气倒流)，再加入少许 MnO_2，加热熔融至深绿色，写出反应式。

(2)K_2MnO_4的歧化　上述试管稍冷后加入水得绿色溶液，取少量上述 K_2MnO_4 溶液于另一支试管，加入几滴稀醋酸，观察溶液颜色的变化和沉淀的生成(可在点滴板上观察)。写出离子反应式。

5. 锰(Ⅶ)化合物　取 3 支试管各加入 1~2 滴 0.01mol/L $KMnO_4$ 溶液，其中第一支加入 5 滴 2mol/L H_2SO_4 溶液，第二支加入 5 滴蒸馏水，第三支加入 5 滴 6mol/L NaOH 溶液，然后分别加数滴 0.1mol/L Na_2SO_3 溶液，观察各试管所发生的现象。写出反应式，从而得出介质对 $KMnO_4$ 还原产物影响的结论。

6. 铁(Ⅱ)化合物　向试管中加入 2ml 蒸馏水，用 1~2 滴 2mol/L H_2SO_4 溶液酸化，然后向其中加入少许硫酸亚铁铵晶体摇匀至溶解，加热至沸除去氧气，再向其中滴加几滴煤油(或液体石蜡)。在另一支试管中煮沸 1ml 2mol/L NaOH，用滴管取出迅速插入硫酸亚铁铵溶液中，再缓慢挤出，观察现象。振摇，静置片刻，观察沉淀颜色的变化，解释每步操作的原因和现象的变化。写出有关离子反应式。

7. 铁(Ⅲ)化合物

(1)向 0.1mol/L $FeCl_3$ 溶液中滴加 2mol/L NaOH 溶液，观察现象并写出反应式。

(2)在 0.1mol/L $FeCl_3$ 溶液中，滴入 0.1mol/L KI 溶液，观察现象，设法检验所得产物是什么？写出离子反应式。

8. 铁（Ⅱ）、铁（Ⅲ）的配合物

（1）在 5 滴 0.1mol/L $FeCl_3$ 溶液中，加 1 滴 0.1mol/L $K_4[Fe(CN)_6]$ 溶液，观察普鲁士蓝沉淀（或溶胶）的形成。

（2）在 5 滴自制的 $(NH_4)_2Fe(SO_4)_2$ 溶液中，加 1 滴 0.1mol/L $K_3[Fe(CN)_6]$ 溶液，观察滕氏蓝沉淀（或溶胶）的形成。

（3）在 5 滴自制的 $(NH_4)_2Fe(SO_4)_2$ 溶液中，加入 1 滴 2mol/L H_2SO_4 及 1 滴 0.1mol/L KSCN 溶液，观察有无现象变化？然后再滴加 3% H_2O_2 溶液 1 滴，观察颜色的变化。写出离子反应式。

【注意事项】

（1）在酸性溶液中，MnO_4^- 被还原成 Mn^{2+}，有时会出现 MnO_2 的棕色沉淀，这是因溶液的酸度不够或 $KMnO_4$ 过量，与生成的 Mn^{2+} 反应所致。

$$2MnO_4^- + 3Mn^{2+} + 2H_2O \rlap{=\!=\!=} 5MnO_2\downarrow + 4H^+$$

（2）Fe^{3+} 应呈淡紫色，但由于水解生成 $[Fe(H_2O)_5(OH)]^{2+}$ 而使溶液呈棕黄色。

【预习要求及思考题】

1. 预习要求

（1）预习无机化学教材中有关铬和锰的各种主要化合物的重要性质，着重弄清各种价态之间的转化条件。

（2）预习教材中有关铁元素的内容，着重弄清 +2 和 +3 两种氧化态稳定性的变化规律和互相转化的条件，有关配合物的性质和重要反应。

2. 思考题

（1）通过实验现象，找出鉴定 Cr^{3+} 或 Mn^{2+} 的最佳方法。

（2）$KMnO_4$ 溶液为什么放在棕色瓶内保存？

（3）试用两种实验方法实现 Fe^{2+} 和 Fe^{3+} 的相互转化。

实验十五　磺基水杨酸合铁(Ⅲ)配合物的组成及稳定常数的测定

【实验目的】

（1）了解光度法测定配合物的组成及稳定常数的原理和方法。

（2）测定 pH < 2.5 时磺基水杨酸合铁（Ⅲ）配合物的组成及其稳定常数。

（3）学习分光光度计的使用。

【实验原理】

磺基水杨酸（以 H_3R 表示），可以与 Fe^{3+} 形成稳定的配合物。配合物的组成因溶液 pH 的不同而不同，当 pH < 2.5 时，Fe^{3+} 与磺基水杨酸能形成稳定的 1∶1 的紫红色配合物。通过加入一定量的 $HClO_4$ 溶液来调节溶液的 pH，在 pH < 2.5 条件下测定磺基水杨酸合铁（Ⅲ）配合物的组成和稳定常数。

测定配合物的组成通常采用分光光度法。当一定波长的单色光通过溶液时，一部分光被溶液吸收，另一部分光透过溶液，光的被吸收和透过程度与溶液的浓度有一定的关系，溶液对光吸收能力的大小常用透光度 T 或吸光度 A 来表示。

$$T = \frac{I_i}{I_0} \qquad A = -\lg\frac{I_i}{I_0}$$

式中，I_0 为入射光强度；I_i 为透射光强度。根据朗伯-比尔定律

$$A = \varepsilon cd$$

式中，ε 为摩尔消光系数；c 为溶液的浓度；d 为溶液的厚度（比色皿的厚度）。

当液层的厚度固定时，溶液的吸光度与有色物质的浓度成正比。即

$$A = k' \cdot c$$

由于所测溶液中，磺基水杨酸是无色的，金属 Fe^{3+} 离子的浓度很低，也可认为基本无色，只有磺基水杨酸合铁（Ⅲ）配离子是有色的。所以磺基水杨酸合铁（Ⅲ）配离子浓度越大，溶液的颜色越深，吸光度值也就越大，即溶液的吸光度与配离子的浓度成正比。由于此配合物在 500nm 有最大吸收值。因此，在该波长下，可通过测定一系列浓度不同溶液的吸光度 A，进一步求出配合物的组成。

本实验采用等摩尔系列法（也叫浓比递变法）测定配位化合物的组成和稳定常数。该法是在保持中心离子 M 浓度 c_M 与配体 R 的浓度 c_R 之和不变的条件下，通过改变 c_M 和 c_R 的相对量，配制一系列溶液。在这些溶液中，有些中心离子过量，另一些配体过量，这样形成的配离子浓度都不是最大值。只有当溶液中金属离子 M 浓度 c_M 与配体 R 的浓度 c_R 的摩尔比和配离子的组成一致时，配离子的浓度才能最大。由于金属离子和配体基本无色，对光几乎都不吸收，所以配离子的浓度越大，溶液的颜色越深，吸光度值也就越大。因此，在特定波长下，通过测定一系列组成变化溶液的吸光度 A，以 A 对 $c_M/(c_M + c_R)$ 作图，得一曲线（图 3-3）。

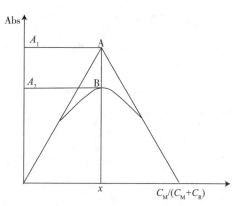

图 3-3 磺基水杨酸合铁（Ⅲ）配合物的吸光度-组成图

将曲线两边的直线延长相交于 A 点，其对应的吸光度为 A_1 吸光度最大值，吸光度最大值所对应的溶液组成与配合物的组成一致。对于 MR 型配合物，在吸光度最大处。

$$\frac{c_M}{c_M + c_R} = x \qquad n = \frac{c_R}{c_M} = \frac{1-x}{x}$$

由 n 可得配位化合物的组成。

由图 3-3 可以看出，吸光度最大值 A_1 可被认为是 M 与 R 全部形成配合物时的吸光度，但由于配离子有部分解离，其浓度要小些，因此实验测得的最大吸光度在 B 点，其值为 A_2。配离子的解离度为

$$\alpha = \frac{A_1 - A_2}{A_1} \times 100\%$$

配离子的表观稳定常数可由下列平衡关系导出：c_M 为起始金属离子 Fe^{3+} 的浓度。

$$M + R \rightleftharpoons MR$$

平衡时各物质的浓度为 $\qquad \alpha c_M \quad \alpha c_M \quad c_M(1-\alpha)$

$$K_s^{\ominus} = \frac{1-\alpha}{c_M \times \alpha^2}$$

【仪器与试剂】

1. 仪器 吸量管（10ml），容量瓶（100ml，3 个），烧杯（100ml，11 个），722 型分光光度计。

2. 试剂 $HClO_4$（0.01mol/L），Fe^{3+}（0.0100mol/L），磺基水杨酸（0.01mol/L）。

【实验内容】

1. 配制系列溶液

（1）配制 0.0010mol/L Fe^{3+} 溶液 准确吸取 10.00ml 0.0100mol/L Fe^{3+} 溶液至 100ml 容量瓶，用

0.01mol/L $HClO_4$ 稀释至刻度，摇匀备用。

（2）配制 0.0010mol/L 磺基水杨酸溶液　准确吸取 10.00ml 0.0100mol/L 磺基水杨酸溶液至 100ml 容量瓶，用 0.01mol/L $HClO_4$ 稀释至刻度，摇匀备用。

（3）用 3 支 10ml 吸量管按表 3-1 所列的体积数分别吸取 0.01mol/L $HClO_4$ 溶液、0.0010mol/L Fe^{3+} 溶液和 0.0010mol/L 磺基水杨酸溶液，转移至 11 只干燥洁净的烧杯（100ml）中，混合均匀，配制成系列溶液。

2. 系列溶液吸光度的测定　在波长为 500nm 条件下，蒸馏水作参比液，用 722 型分光光度计依次测定上述系列溶液的吸光度 A。

【数据记录与结果处理】

（1）将所测得的各溶液的吸光度记录在表 3-1。

（2）以吸光度 A 为纵坐标，Fe^{3+} 的摩尔分数 X_M 即 $c_M/(c_M + c_R)$ 为横坐标，作 $A-X_M$ 图，求出磺基水杨酸合铁（Ⅲ）配合物的配位体数目 n 和配合物的表观稳定常数 $K_s^{\ominus}$。

表 3-1　系列溶液组成及相应的吸光度

编号	$V(HClO_4)$（ml）	$V(Fe^{3+})$（ml）	$V(H_3R)$（ml）	$c_M/(c_M + c_R)$	A
1	10.00	0.00	10.00		
2	10.00	1.00	9.00		
3	10.00	2.00	8.00		
4	10.00	3.00	7.00		
5	10.00	4.00	6.00		
6	10.00	5.00	5.00		
7	10.00	6.00	4.00		
8	10.00	7.00	3.00		
9	10.00	8.00	2.00		
10	10.00	9.00	1.00		
11	10.00	10.00	0.00		

【注意事项】

（1）0.0010mol/L Fe^{3+} 溶液，0.0010mol/L 磺基水杨酸溶液均用 0.01mol/L $HClO_4$ 溶液配制。

（2）测得的数据要用坐标纸作图或电脑作图。

（3）比色皿使用、洗涤时要注意保护其光学表面，测量时盛装溶液量不可过多，以免沾污样品池。

【预习要求及思考题】

1. 预习要求

（1）复习移液管和容量瓶的使用。

（2）复习溶液配制的方法。

（3）预习 722 型分光光度计的使用。

2. 思考题

（1）为何选用波长为 500nm 的单色光测定磺基水杨酸合铁（Ⅲ）配合物的吸光度？

（2）用本实验方法测定吸光度时，如何选用参比溶液？

(3)使用分光光度计应注意哪些问题？

【附药品的配制】

(1)0.01mol/L HClO₄溶液的配制　将4.4ml 70% HClO₄加入到50ml水中，再稀释到5000ml。

(2)0.0100mol/L Fe³⁺溶液的配制　称取4.8225g（NH₄）₂Fe（SO₄）₂·12H₂O，用0.01mol/L HClO₄溶液溶解，全部转移到1000ml容量瓶中，再用0.01mol/L HClO₄溶液稀释至刻度。

(3)0.0100mol/L磺基水杨酸溶液的配制　称取2.5421g磺基水杨酸，用0.01mol/L HClO₄溶液溶解，全部转移到1000ml容量瓶中，再用0.01mol/L HClO₄溶液稀释至刻度。

实验十六　矿物药的鉴别

【实验目的】

(1)熟悉朴硝、硝石、铅丹、赭石、自然铜、炉甘石、轻粉7种矿物药的主要成分及化学鉴定方法。

(2)灵活运用所学知识鉴别药材，提高学习兴趣。

【实验原理】

1. 钠离子的鉴别

(1)在含 Na⁺的溶液中加入醋酸铀酰锌试剂，可得到黄色晶形沉淀，此沉淀在乙醇中溶解度较小。

$$Na^+ + Zn^{2+} + 3UO_2^{2+} + 8Ac^- + HAc + 9H_2O \Longrightarrow NaAc \cdot Zn(Ac)_2 \cdot 3UO_2(Ac)_2 \cdot 9H_2O + H^+$$

(2)Na⁺进行焰色反应时，火焰为黄色。

2. 钾离子的鉴别

(1)在含 K⁺的溶液中加入四苯硼钠，可得白色沉淀。

$$K^+ + [B(C_6H_5)_4]^- \Longrightarrow K[B(C_6H_5)_4] \downarrow$$

(2)K⁺进行焰色反应时，火焰为紫色(隔着蓝色钴玻璃透视)。

3. 硝酸根离子的鉴别(棕色环试验)　在含有 NO₃⁻的溶液中，加入饱和 FeSO₄溶液，试管倾斜后，沿管壁小心滴加浓H₂SO₄，在浓 H₂SO₄和混合液交界处可见一个棕色环。

$$NO_3^- + 3Fe^{2+} + 4H^+ \Longrightarrow 3Fe^{3+} + NO + 2H_2O$$

$$NO + Fe^{2+} + SO_4^{2-} \Longrightarrow [Fe(NO)SO_4]$$

4. 硫酸根离子的鉴别　硫酸根离子可与钡盐生成白色沉淀，此沉淀不溶于稀硝酸。

$$Ba^{2+} + SO_4^{2-} \Longrightarrow BaSO_4 \downarrow$$

5. 碳酸根离子的鉴别　碳酸根离子与稀盐酸反应有气体产生，该气体能使澄清的石灰水变浑浊。

$$CO_3^{2-} + 2H^+ \Longrightarrow CO_2 \uparrow + H_2O$$

$$CO_2 + Ca(OH)_2 \Longrightarrow CaCO_3 \downarrow + H_2O$$

6. 锌离子的鉴别　锌离子与亚铁氰化钾反应生成蓝白色沉淀，此沉淀在稀酸中不溶解。

$$2Zn^{2+} + [Fe(CN)_6]^{4-} \Longrightarrow Zn_2[Fe(CN)_6] \downarrow$$

7. 铅丹的鉴别　铅丹主要成分为四氧化三铅（Pb₃O₄），或写作2PbO·PbO₂。

(1)Pb₃O₄可以和 HNO₃反应，生成 Pb²⁺和深棕色 PbO₂沉淀，过滤，取滤液。

向滤液中加铬酸钾试液可产生黄色沉淀，再加入2mol/L的氨水或2mol/L的稀硝酸，沉淀均不溶解；而向沉淀中加入2mol/L的氢氧化钠试液，沉淀立即溶解。

向滤液中加碘化钾试液有黄色沉淀生成，向沉淀中加入2mol/L的醋酸钠试液，沉淀溶解。

$$Pb_3O_4 + 4HNO_3 \Longrightarrow 2Pb(NO_3)_2 + PbO_2 \downarrow + 2H_2O$$

$$Pb^{2+} + CrO_4^{2-} = PbCrO_4 \downarrow$$

$$PbCrO_4 + 2OH^- = Pb(OH)_2 \downarrow + CrO_4^{2-}$$

$$Pb(OH)_2 + OH^- = [Pb(OH)_3]^-$$

$$Pb^{2+} + 2I^- = PbI_2 \downarrow$$

$$PbI_2 + 2Ac^- = Pb(Ac)_2 \downarrow + 2I^-$$

(2)铅丹加浓盐酸后,有氯气产生,可使湿润的碘化钾淀粉试纸变蓝色,并产生白色氯化铅沉淀。

$$PbO_2 + 4HCl = PbCl_2 \downarrow + 2H_2O + Cl_2 \uparrow$$

$$PbO + 2HCl = PbCl_2 \downarrow + H_2O$$

$$Cl_2 + 2KI = 2KCl \downarrow + I_2$$

8. 铁离子的鉴别

(1)铁离子与亚铁氰化钾反应立即生成深蓝色沉淀,此沉淀不溶于稀盐酸,但加入氢氧化钠有棕色沉淀生成。

$$K^+ + Fe^{3+} + [Fe(CN)_6]^{4-} = KFe[Fe(CN)_6] \downarrow$$

(2)铁离子与硫氰酸铵反应显血红色。

$$Fe^{3+} + n\,SCN^- = [Fe(SCN)_n]^{3-n} (n = 1 \sim 6)$$

9. 轻粉的鉴别 将轻粉 Hg_2Cl_2 和无水 Na_2CO_3 一起放在试管中共热后,在干燥试管壁上有金属 Hg 析出。

$$Hg_2Cl_2 + Na_2CO_3(无水) = Hg \downarrow + HgO + 2NaCl + CO_2 \uparrow$$

【仪器、试剂及其他】

1. 仪器 烧杯(50ml),量筒(10ml),试管,离心试管,具支试管,洗瓶,玻璃棒,玻璃漏斗,点滴板,试管架,试管夹,酒精灯(或水浴锅),离心机。

2. 试剂 HCl(1mol/L),H_2SO_4(浓),HNO_3(浓、1mol/L),NaOH(25%、2mol/L),$NH_3 \cdot H_2O$ (2mol/L),NaAc(2mol/L),KI(0.1mol/L),KSCN(0.1mol/L),铬酸钾(0.1mol/L),$Ca(OH)_2$(饱和),$BaCl_2$(25%),$FeSO_4$(饱和),朴硝(1mol/L),硝石(饱和、1mol/L),四苯硼钠(1mol/L),亚铁氰化钾(0.5mol/L),无水 $NaCO_3(s)$,赭石粉末,自然铜粉末,炉甘石粗粉,铅丹粉末,轻粉(Hg_2Cl_2)。

3. 其他 广泛 pH 试纸,碘化钾淀粉试纸,滤纸,镍铬丝。

【实验内容】

1. 朴硝($Na_2SO_4 \cdot 10H_2O$)的鉴定

(1)钠离子的鉴别 取数滴浓盐酸置于点滴板上,将环状镍铬丝,插进盐酸中浸湿,在火焰上灼烧,如此反复数次直至火焰不染色,表明金属丝已处理洁净。用洁净的金属丝蘸取朴硝溶液在氧化焰中灼烧,观察火焰的颜色。

(2)硫酸根离子的鉴别 取一支离心管,在其中加入1mol/L的朴硝试液1ml,向试管中滴加25% $BaCl_2$溶液,有白色沉淀生成,离心,弃去上层清液,向白色沉淀中加入1mol/L的盐酸数滴,观察现象,再向其中加入1mol/L的硝酸数滴,继续观察现象,写出反应方程式并解释之。

2. 硝石(KNO_3)的鉴定

(1)钾离子的鉴别 将处理好的镍铬丝蘸取饱和硝石溶液在火焰上灼烧,观察火焰的颜色;取1ml 1mol/L的硝石溶液于试管中,向其中加入1mol/L的四苯硼钠数滴并观察现象,写出反应方程式。

(2)硝酸根离子的鉴别 棕色环试验:在饱和硝石溶液中,加入饱和$FeSO_4$溶液,试管倾斜后,沿管壁小心滴加浓 H_2SO_4,观察现象,写出反应方程式。

3. 炉甘石（$ZnCO_3$）的鉴定

（1）碳酸根离子的鉴别　取炉甘石粗粉 1g，置于具支试管中，在其中加入 1mol/L 的盐酸 10ml，即泡沸。将得到的气体通入饱和氢氧化钙试液中，观察现象，写出反应方程式并解释。

（2）锌离子的鉴别　将上述具支试管中试液过滤，在滤液中加入 0.5mol/L 的亚铁氰化钾溶液数滴，微热，观察现象，写出反应方程式并解释。

4. 自然铜（FeS_2）的鉴别　取自然铜粉末 0.1g，用 1ml 浓硝酸溶解，静置片刻后，加水 2ml 稀释，过滤，弃去残渣，将滤液分成 3 份，两份分别置于试管中，一份置于离心管中待用。

（1）Fe^{3+} 的鉴别　在装有滤液的一试管中加入数滴 0.1mol/L 的亚铁氰化钾，观察现象，在另一支装滤液的试管中加入 0.1mol/L 的硫氰酸钾试液数滴，有血红色出现，在血红色溶液中加入 2mol/L 氢氧化钠，观察现象，写出反应方程式并解释。

（2）硫的鉴别　在装有滤液的离心管中加入氯化钡试液，有白色沉淀产生，离心，弃去上层清液，在沉淀中加入数滴 1mol/L 的硝酸，观察现象并解释。

5. 赭石（Fe_2O_3）的鉴别　取赭石粉末 1g，加入 1mol/L 的盐酸 10ml，振摇后过滤，将滤液分盛于一支普通试管和一支离心管中。

（1）在离心管中加入 0.5mol/L 的亚铁氰化钾数滴，观察现象；离心分离，在沉淀中分别加入稀盐酸及 25% 氢氧化钠试液，观察现象，写出反应方程式并解释。

（2）在另一试管中加入 0.1mol/L 硫氰酸钾，观察有何现象发生，并加以解释。

6. 铅丹（Pb_3O_4）的鉴别　取铅丹粉末约 0.2g 于试管中，加 1ml 1mol/L 的盐酸，加热，用湿润的碘化钾淀粉试纸检查产生的气体；并观察沉淀的颜色，写出反应方程式并解释。

取铅丹粉末约 0.5g 于试管中，加浓硝酸 1ml，红色铅丹转化为深棕色沉淀，放置片刻，加 2ml 水稀释，过滤，分别进行以下实验。

（1）在滤液中加入 0.1mol/L 的碘化钾试液数滴，观察沉淀的颜色，向沉淀中加入 2mol/L 的醋酸钠试液，观察现象，写出反应方程式并解释。

（2）在滤液中加入 0.1mol/L 的铬酸钾试液数滴，观察沉淀的颜色，分别取沉淀于三个试管中，并分别加入 2mol/L 的氨水、2mol/L 的氢氧化钠试液及 2mol/L 的醋酸钠试液，观察三个试管中的现象，写出反应方程式并解释。

7. 轻粉（Hg_2Cl_2）的鉴别　将 0.2g 左右轻粉和少许无水 Na_2CO_3 置于试管中共热后，观察试管壁有何现象，并解释。

【注意事项】

（1）铅丹、轻粉均属有毒物质，需严格控制取量，实验结束后的所有废液须倒入废液缸经处理后排放。

（2）实验过程中有 Cl_2 等有害气体产生，应在通风柜中进行，实验室需保持良好通风状态。

（3）滴管使用时，滴管口不得接触试管口，禁忌滴管倒置、倾斜。

【预习要求及思考题】

1. 预习要求

（1）预习称量、离心、过滤以及试剂的取用等操作。

（2）阅读氧化还原反应及配位平衡等相关内容。

2. 思考题

（1）鉴别炉甘石时，在氢氧化钙溶液中通入气体，产生白色沉淀后，继续通入气体，白色沉淀消失，为什么？

（2）用沉淀 – 溶解平衡原理解释铅丹的鉴别。

实验十七 卤素、硫

【实验目的】

（1）比较卤素离子的还原性。

（2）验证卤酸盐的氧化性；亚硫酸盐、硫代硫酸盐、过二硫酸盐的化学性质。

（3）验证并了解重金属硫化物的难溶性。

【实验原理】

（1）氧化还原性是卤素的特征。卤素单质均为氧化剂，其氧化性按下列顺序变化。

$$F_2 > Cl_2 > Br_2 > I_2$$

卤素离子的还原性按相反顺序变化：$I^- > Br^- > Cl^- > F^-$

（2）卤素在碱性介质中发生歧化反应生成 XO^- 离子。

$$X_2 + 2OH^- = X^- + XO^- + H_2O$$

XO^- 离子易进一步歧化生成 XO_3^- 离子。

$$3XO^- = 2X^- + XO_3^-$$

（3）卤酸盐在中性溶液中没有明显的氧化性，但在酸性介质中却表现出明显的氧化性，例如 $KClO_3$ 在中性溶液中不能氧化 KI，而在强酸性介质中，可将 I^- 氧化成 I_2。

$$ClO_3^- + 6I^- + 6H^+ = 3I_2 + Cl^- + 3H_2O$$

$KBrO_3$ 在酸性介质中能氧化 I_2 和 Br^- 离子。

$$2BrO_3^- + I_2 + 2H^+ = 2HIO_3 + Br_2$$

$$BrO_3^- + 5Br^- + 6H^+ = 3Br_2 + 3H_2O$$

KIO_3 能将 $NaHSO_3$ 氧化。

$$2IO_3^- + 5HSO_3^- = I_2 + 5SO_4^{2-} + 3H^+ + H_2O$$

【仪器、试剂及其他】

1. 仪器 试管，离心试管，离心机，水浴锅。

2. 试剂 HCl（1、2、6、12mol/L），H_2SO_4（2、3mol/L），HNO_3（浓、2、6mol/L），$NH_3 \cdot H_2O$（6、12mol/L），Na_2S（0.1mol/L），Na_2SO_3（0.5mol/L），$NaHSO_3$（0.1mol/L），$Na_2S_2O_3$（0.1mol/L），KBr（0.1、0.5mol/L），KI（0.1mol/L），$KBrO_3$（饱和），KIO_3（0.1mol/L），$KMnO_4$（0.1mol/L），$BaCl_2$（0.1mol/L），$Pb(Ac)_2$（0.1mol/L），$MnSO_4$（0.1mol/L），$FeCl_3$（0.1mol/L），$CuSO_4$（0.1mol/L），$AgNO_3$（0.1mol/L），$ZnSO_4$（0.1mol/L），$CdSO_4$（0.1mol/L），$Hg(NO_3)_2$（0.1mol/L），KCl（s），KBr（s），KI（s），$KClO_3$（s），$(NH_4)_2S_2O_8$（s），CCl_4（l），碘水。

3. 其他 pH 试纸，淀粉 – KI 试纸，$Pb(Ac)_2$ 试纸。

【实验内容】

1. 卤素离子的还原性

（1）取 3 支干燥的试管，分别加入少许 KCl、KBr、KI 固体，再各加浓 H_2SO_4 溶液 5~6 滴，观察并比较各试管发生的变化。分别用浓氨水、淀粉 – KI 试纸、$Pb(Ac)_2$ 试纸，在试管口检验产生的气体，解释现象，写出有关反应式。

(2)取 2 支试管，分别加 5 滴浓度为 0.1mol/L 的 KBr 和 KI 溶液，然后各加入 1 滴 0.1mol/L 的 $FeCl_3$ 溶液和 0.1ml 的 CCl_4 溶液。充分振荡后，观察两支试管中 CCl_4 层的颜色有无变化，并加以解释。

综合以上实验，比较 Cl^-、Br^-、I^- 的还原性，并说明其变化规律。

2. 卤酸盐的氧化性

(1)$KClO_3$ 的氧化性　取少量 $KClO_3$ 晶体于试管中，加入约 1ml 水使之溶解。再加几滴 0.1mol/L KI 溶液和 0.1ml 的 CCl_4，振荡试管，观察 CCl_4 层有何变化。再加入几滴 3mol/L 的 H_2SO_4 溶液，振荡试管，观察有何变化。写出反应式。

(2)$KBrO_3$ 的氧化性　在一试管中加入 1ml 饱和 $KBrO_3$ 溶液和 0.5ml 3mol/L 的 H_2SO_4 溶液，然后加入几滴 0.5mol/L 的 KBr 溶液，振荡试管，观察反应产物的颜色和状态。如果反应不明显，可微加热。把湿润的淀粉－KI 试纸移近管口，以检验气体产物。写出反应式。

(3)KIO_3 的氧化性　在一试管中加入 0.5ml 0.1mol/L KIO_3 溶液，加几滴 3mol/L H_2SO_4 和几滴可溶性淀粉，再滴加 0.1mol/L Na_2SO_3 溶液，边加边振荡，至深蓝色出现。写出反应式。

3. 难溶硫化物的生成和溶解

(1)在 4 支离心管中分别加入 2 滴 0.1mol/L $ZnSO_4$、$CdSO_4$、$CuSO_4$、$Hg(NO_3)_2$ 溶液，然后再各加入 2 滴 0.1mol/L Na_2S 溶液。观察沉淀生成和产物的颜色。分别将沉淀离心分离，弃去溶液。

(2)在 ZnS 沉淀中加入 2 滴 1mol/L HCl 溶液，沉淀是否溶解？再加 3~4 滴 12mol/L $NH_3 \cdot H_2O$ 以中和 HCl，观察 $ZnSO_4$ 沉淀是否重新出现。

(3)在 CdS 沉淀中加入 2~3 滴 1mol/L HCl 溶液，沉淀是否溶解？若不溶解，离心分离，弃去溶液，再往沉淀中加入 6mol/L HCl 溶液，观察沉淀是否溶解。

(4)在 CuS 沉淀中加入少许的 6mol/L HCl 溶液，沉淀是否溶解？若不溶解，离心分离，弃去溶液，再往沉淀中加少许 6mol/L HNO_3 溶液，并在水浴中加热，观察沉淀是否溶解。

(5)用蒸馏水把 HgS 沉淀洗净，离心，吸取清液，加入 0.1ml 浓 HNO_3 溶液，沉淀是否溶解？如果不溶解，再加 3 倍于浓 HNO_3 体积的浓 HCl 溶液，并搅拌，观察有何变化。

比较 4 种金属硫化物与酸反应情况，写出有关反应式，并加以解释。

4. 亚硫酸盐和硫代硫酸盐的性质

(1)亚硫酸盐的性质　取 2 支试管各加 2 滴 0.5mol/L 的 Na_2SO_3 溶液于试管中，用 pH 试纸检验溶液的酸碱性。各加入 1 滴 2mol/L H_2SO_4 溶液酸化，观察有何现象？在一份中滴加 2 滴 0.1mol/L Na_2S 溶液，观察发生了什么现象。往另一份溶液中滴加 2 滴 0.1mol/L $KMnO_4$ 溶液，观察溶液的颜色有何变化？

(2)硫代硫酸钠的性质　①往 0.1mol/L $Na_2S_2O_3$ 溶液中滴加碘水，观察溶液颜色的变化。写出反应式。②往 0.1mol/L $Na_2S_2O_3$ 溶液中滴加氯水，设法证明 SO_4^{2-} 的生成。写出反应式。③往 0.1mol/L $Na_2S_2O_3$ 溶液中滴加 2mol/L 的 HCl 溶液加热，观察有什么变化。写出反应式。

(3)过硫酸铵的氧化性　①取 $(NH_4)_2S_2O_8$ 晶体少许(火柴头大小)，加 5~6 滴水溶解后，滴加 3~4 滴 0.1mol/L 的 KI 溶液，观察溶液颜色的变化，试验会有 I_2 生成。写出反应式。②取半匙 $(NH_4)_2S_2O_8$ 晶体，再加入 3mol/L H_2SO_4 溶液 5~6 滴再加 0.1mol/L $AgNO_3$ 溶液 2~3 滴，再滴加 1 滴 0.1mol/L $MnSO_4$ 溶液，加热煮沸，观察溶液的颜色变化，解释现象，写出反应式。

【注意事项】

(1)实验时应注意通风以防吸入过量的氯、溴等蒸气发生中毒。

(2)使用离心机时，注意离心试管需对称放置，转速应逐渐增加或降低。

(3)实验过程中使用试剂较多，要规范操作，防止试剂交叉污染。

【预习要求及思考题】

1. 预习要求

(1)预习本实验卤素、硫单质及重要化合物的化学性质。

(2)预习离心机的正确使用方法。

(3)预习第二部分中"固体、液体试剂的取用"。

2. 思考题

(1)卤素离子为什么不具氧化性?

(2)实验室中能否用浓硫酸与碘或溴的卤化物来制备 HI 或 KBr? 为什么? 写出反应式。

(3)根据标准电极电势,比较次氯酸盐和氯酸盐的氧化性。氯酸盐的氧化性,在酸性介质中强还是在碱性介质中强?

(4)有三个瓶,分别盛有氯化物、溴化物、碘化物的白色固体,试用一简单方法把三者区别开。

(5)长期放置亚硫酸钠溶液会发生什么变化?

实验十八　硝石中硝酸钾含量的测定

【实验目的】

(1)熟悉四苯硼钠法测定硝酸钾含量的方法。

(2)巩固化学实验的一些基本操作。

【实验原理】

在中性介质中,钾离子与四苯硼钠进行反应,生成四苯硼钾沉淀。如有铵离子存在,可加入甲醛溶液消除干扰。根据生成的四苯硼钾的质量,确定硝酸钾含量。

$$KNO_3 + NaB(C_6H_5)_4 =\!=\!= KB(C_6H_5)_4\downarrow + NaNO_3$$

【仪器与试剂】

1. 仪器　烧杯(150ml),量筒(10ml),移液管(25ml),直形滴管,玻璃棒,布氏漏斗,抽滤瓶,分析天平,真空泵,恒温水浴锅,红外干燥箱。

2. 试剂　HAc(1∶10),四苯硼钠(34g/L),硝石。

【实验内容】

1. 试液的制备(由实验室准备)

(1)硝石　称取 1~1.2g 试样(若颗粒较粗,需研磨),精确至 0.0002g,置于 100ml 烧杯中,加水溶解,溶液转移至 500ml 容量瓶中(指定专人配液),稀释至刻度,摇匀。用玻璃漏斗过滤,弃去部分初滤液。

(2)四苯硼钠溶液(34g/L)　称取 3.4g 四苯硼钠溶于 100ml 蒸馏水中,用时现配(指定专人配液),使用前过滤。

2. 测定　用移液管移取 25ml 硝石溶液,置于 150ml 烧杯中,加 20ml 水,1 滴 HAc 溶液(1∶10)。用恒温水浴加热溶液至 45℃,在搅拌下滴加 8ml 四苯硼钠水溶液(滴加时间约为 5 分钟),继续搅拌 1 分钟。放置 30 分钟后取出,用布氏漏斗抽滤,将沉淀转移完全,用少量水洗涤沉淀 2~3 次,每次应抽干。然后将沉淀完全转移至称量纸上(包括滤纸一起),在红外干燥箱中烘至恒重,电子天平称重并计算。

3. 结果计算与讨论

$$硝酸钾（KNO_3）含量 = \frac{m \times 0.2822}{c \times 25} \times 100\%$$

式中，m 为四苯硼钾沉淀的质量；c 为硝石溶液的浓度；0.2822 为四苯硼钾换算为硝酸钾的系数。

【注意事项】

（1）红外灯快速烘干时，不要直接放在红外灯的聚光点，以防止产品熔化。

（2）因产品量少，谨防气流将产品吹走。

【预习要求及思考题】

1. 预习要求

（1）预习有关硝酸钾的性质。

（2）查阅能与硝酸钾生成沉淀的各种反应。

2. 思考题

（1）硝酸钾含量测定公式中 0.2822 是怎么得到的？

（2）钾离子的测定方法还有哪些？

实验十九　醋酸银溶度积常数的测定

【实验目的】

（1）学习测定难溶盐 AgAc 溶度积常数的原理和方法。

（2）进一步巩固酸碱滴定、过滤等基本操作。

【实验原理】

一定温度下，难溶强电解质溶液中，固体与离子之间有平衡关系，即溶度积定律。对于 AgAc，其溶度积常数表达式为

$$AgAc(s) \rightleftharpoons Ag^+ + Ac^-$$

$$K_{sp}^{\ominus} = [Ag^+][Ac^-]$$

本实验首先用 $AgNO_3$ 和 NaAc 反应，生成 AgAc 沉淀，在达到沉淀溶解平衡后将沉淀过滤出来，以 Fe^{3+} 为指示剂，用已知浓度的 KSCN 溶液来滴定一定量的滤液，从而计算出溶液中的 $[Ag^+]$，再根据实验初始加入的 $AgNO_3$ 和 NaAc 的量求出平衡时 $[Ac^-]$，从而得到 $K_{sp}^{\ominus}(AgAc)$。

$$AgNO_3 + NaAc \rightleftharpoons AgAc\downarrow + NaNO_3$$

$$Ag^+ + SCN^- \rightleftharpoons AgSCN\downarrow$$

$$Fe^{3+} + 3SCN^- \rightleftharpoons Fe(SCN)_3$$

【仪器、试剂及其他】

1. 仪器　酸式滴定管（50ml），移液管（25ml），吸量管（20ml），烧杯（100ml），锥形瓶（100ml），移液管（25ml），漏斗，温度计。

2. 试剂　HNO_3（6mol/L），NaAc（0.20mol/L），KSCN（0.10mol/L），$Fe(NO_3)_3$（0.10mol/L），$AgNO_3$（0.20mol/L）。

3. 其他　滤纸，pH 试纸。

【实验内容】

（1）用吸量管分别移取 20.00ml、30.00ml 的 0.2mol/L $AgNO_3$ 溶液于 2 个干燥的锥形瓶中，然后用

另一吸量管分别加入 40.00ml、30.00ml 0.2mol/L NaAc 溶液于上述 2 个锥形瓶中,使每瓶中均有 60ml 溶液,摇动锥形瓶约 30 分钟使沉淀生成完全。

(2)分别将上述两瓶中混合物过滤,滤液用两个干燥洁净的小烧杯承接(滤液必须完全澄明,否则应重新过滤)。

(3)用移液管吸取 25.00ml 上述 1 号瓶中滤液放入洁净的锥形瓶中,加入 1ml $Fe(NO_3)_3$ 溶液,若溶液显红色,加几滴 6mol/L HNO_3 直至无色。

(4)用 0.10mol/L KSCN 溶液滴定此溶液至呈恒定浅红色,记录所用 KSCN 溶液的量。重复操作 3、4 步骤,测定 2 号瓶中滤液。

数据记录与处理

实验序号	1	2
$V(AgNO_3)$ (ml)		
$V(NaAc)$ (ml)		
混合物总体积(ml)		
被滴定混合物体积(ml)		
$c(KSCN)$ (mol/L)		
滴定前 KSCN 溶液的读数(ml)		
滴定后 KSCN 溶液的读数(ml)		
滴定用 KSCN 溶液的体积(ml)		
混合液中 Ag^+ 总浓度		
混合液中 Ac^- 总浓度		
AgAc 沉淀平衡后$[Ag^+]$		
AgAc 沉淀平衡后$[Ac^-]$		
$K_{sp}^{\ominus}(AgAc)$		
$K_{sp}^{\ominus}(AgAc)$ 测定平均值		
$K_{sp}^{\ominus}$ 参考值		
测定相对误差(%)		

【注意事项】

(1)$AgNO_3$ 溶液和 NaAc 溶液在锥形瓶中反应时,要不断摇动锥形瓶。

(2)生成 AgAc 的反应时间约需 30 分钟,一定要使沉淀生成完全。

(3)实验参考值 $K_{sp}^{\ominus}(AgAc) = [Ag^+] \cdot [Ac^-] = 1.94 \times 10^{-3}$。

(4)移取 $AgNO_3$、NaAc 溶液也可以用滴定管(50ml)进行。

(5)实验中用到的干燥烧杯、锥形瓶,要提前准备好。

【预习要求及思考题】

1. 预习要求

(1)预习过滤,吸量管、滴定管的使用方法。

(2)预习沉淀溶解平衡基本原理。

2. 思考题

(1)本实验中所用仪器哪些是需要干燥的? 为什么?

(2)本实验中如何根据 AgAc 沉淀平衡后的 $[Ag^+]$ 求出平衡时 $[Ac^-]$, 进而得到 $K_{sp}^{\ominus}(AgAc)$?

(3)滴定时加入 $Fe(NO_3)_3$ 溶液为指示剂, 若溶液显红色必须加几滴 6mol/L HNO_3 直至无色, 为什么?

实验二十　电极电势的测定

【实验目的】

(1)掌握电极电势的测定方法。

(2)熟悉能斯特方程的有关计算; 酸度计的使用方法。

(3)了解浓度对电极电势的影响。

【实验原理】

一个电极的电极电势绝对值是无法测量的, 实验中可以测量两个电极组成原电池时的电势差也叫电动势(E_{MF})。若选用饱和甘汞电极(作参比电极)和待测电极组成原电池, 利用酸度计或伏特计测定其电动势, 则可以根据下式计算待测电极的电极电势 E。

$$E_{MF} = E_+ - E_-$$

电极电势的大小除和标准电极电势有关外, 还受浓度、温度等因素的影响, 25℃时, 浓度与电极电势的关系可用能斯特方程式表示。

$$Ox + ne^- \rightleftharpoons Red$$

$$E = E^{\ominus} + \frac{0.0592}{n} \lg \frac{c(Ox)}{c(Red)}$$

若电对中氧化型物质生成配合物, 则氧化型物质浓度降低, 电极电势也将降低。若还原型物质生成配合物, 则电极电势将升高。

【仪器、试剂及其他】

1. 仪器　烧杯两个(80、200ml), pHS-3C 型酸度计, 磁力搅拌器。

2. 试剂　$NH_3 \cdot H_2O$(6mol/L), KCl(饱和), $CuSO_4$(0.10mol/L), $ZnSO_4$(0.10mol/L)。

3. 其他　饱和甘汞电极, 导线两根, 磁力搅拌子, 盐桥, 锌棒(片), 铜棒(片), 砂纸。

【实验内容】

1. Zn^{2+}/Zn 电极的电极电势的测定

(1)原电池的组成

$$(-)Zn(s) \mid ZnSO_4(0.10mol/L) \parallel KCl(饱和) \mid Hg_2Cl_2(s) \mid Hg(l) \mid Pt(s)(+)$$

将锌棒(片)插入装有 0.10mol/L $ZnSO_4$ 溶液的烧杯中, 饱和甘汞电极插入装有饱和 KCl 溶液的烧杯中, 在两烧杯中插入盐桥将两溶液连通起来, 然后将饱和甘汞电极和 Zn^{2+}/Zn 电极分别与酸度计上的"+"和"-"极相连, 组成原电池。

(2)测量　按附注中 pHS-3C 型酸度计作毫伏计使用说明的操作步骤测量原电池的电动势, 并记录数据。

(3)计算　根据 $E_{MF} = E_+ - E_-$ 及能斯特方程, 求 $E(Zn^{2+}/Zn) = ?$ $E^{\ominus}(Zn^{2+}/Zn) = ?$

2. Cu^{2+}/Cu 电极的电极电势的测定

(1)原电池的组成 同理,按上述步骤组成下面原电池。

$$(-)Pt(s)\mid Hg(l)\mid Hg_2Cl_2(s)\mid KCl(饱和)\parallel CuSO_4(0.10mol/L)\mid Cu(s)(+)$$

(2)测量原电池的电动势。

(3)计算 $E(Cu^{2+}/Cu)=?$ $E^{\ominus}(Cu^{2+}/Cu)=?$

3. 浓度对电极电势的影响

(1)将装有 0.10mol/L $CuSO_4$ 溶液的烧杯放在磁力搅拌器上,放入磁力搅拌子,搅拌下滴加 6mol/L $NH_3\cdot H_2O$,直到沉淀完全溶解,成为澄清的深蓝色溶液,停止搅拌,与甘汞电极组成原电池。

$$(-)Cu(s)\mid Cu^{2+}(c_1)\parallel KCl(饱和)\mid Hg_2Cl_2(s)\mid Hg(l)\mid Pt(s)(+)$$

测量原电池的电动势并记录数据,计算 $E(Cu^{2+}/Cu)=?$ $c_1=[Cu^{2+}]=?$

(2)将装有 0.10mol/L $ZnSO_4$ 溶液的烧杯放在磁力搅拌器上,放入磁力搅拌子,搅拌下滴加 6mol/L $NH_3\cdot H_2O$,直到沉淀完全溶解,成为澄清的无色溶液,停止搅拌,与甘汞电极组成原电池。

$$(-)Zn(s)\mid Zn^{2+}(c_2)\parallel KCl(饱和)\mid Hg_2Cl_2(s)\mid Hg(l)\mid Pt(s)(+)$$

测量原电池的电动势并记录数据,计算 $E(Zn^{2+}/Zn)=?$ $c_2=[Zn^{2+}]=?$

4. 数据记录与结果处理

室温 $t=$ ℃

原电池		$E_{MF}(V)$	$E_+(V)$	$E_-(V)$	$E^{\ominus}(Zn^{2+}/Zn)(V)$	$E^{\ominus}(Cu^{2+}/Cu)(V)$	$c_1(Cu^{2+})(mol/L)$	$c_2(Zn^{2+})(mol/L)$
负极	正极							
Zn^{2+}/Zn	甘汞电极							
甘汞电极	Cu^{2+}/Cu							
$Cu^{2+}(c_1)/Cu$	甘汞电极							
$Zn^{2+}(c_2)/Zn$	甘汞电极							

通过实验比较 $E^{\ominus}(Cu^{2+}/Cu)$、$E^{\ominus}(Zn^{2+}/Zn)$ 的测定值与文献值。

【注意事项】

(1)铜棒(片)、锌棒(片)使用前必须用砂纸擦去表面的氧化物。

(2)每次测量前,铜棒(片)、锌棒(片)、盐桥必须洗净擦干,才能放入溶液中。

【预习要求及思考题】

1. 预习要求

(1)预习原电池的组成。

(2)熟悉能斯特方程的有关计算。

2. 思考题

(1)在铜电极的硫酸铜溶液和锌电极的硫酸锌溶液中分别加入 6mol/L $NH_3\cdot H_2O$ 溶液,$E(Cu^{2+}/Cu)$、$E(Zn^{2+}/Zn)$ 值如何变化?为什么?

(2)由实验数据说明 $[Cu(NH_3)_4]^{2+}$ 与 $[Zn(NH_3)_4]^{2+}$ 的相对稳定性,并说明原因。

【附注】

饱和甘汞电极的电极电势随温度改变而略有改变,可按下式计算。

$$E\left(\mathrm{HgCl_2/Hg}\right)=0.2415-0.00065\left(t-25\right)\left(\mathrm{V}\right)$$

式中，t 为室温。

实验二十一　淀粉碘化钾试纸和酚酞试纸的制作

【实验目的】

(1) 了解淀粉碘化钾试纸和酚酞试纸的作用原理。

(2) 学会淀粉碘化钾试纸和酚酞试纸的制作方法。

(3) 熟悉淀粉碘化钾试纸和酚酞试纸的用途。

【实验原理】

1. 淀粉碘化钾试纸　碘化钾可以与一些氧化剂发生反应生成碘分子，如 KI 与 $\mathrm{Cl_2}$ 发生以下反应。

$$2\mathrm{KI} + \mathrm{Cl_2} = 2\mathrm{KCl} + \mathrm{I_2}$$

生成的碘分子与直链淀粉之间借助于范德华力结合在一起形成一种蓝色的配合物，利用此原理可以制作淀粉碘化钾试纸。润湿的淀粉碘化钾试纸遇 $\mathrm{Cl_2}$、$\mathrm{Br_2}$、$\mathrm{NO_2}$、$\mathrm{O_3}$、HClO、$\mathrm{H_2O_2}$ 等氧化剂变蓝，该试纸可用于检测能氧化 $\mathrm{I^-}$ 的氧化剂，也可以用来检测 $\mathrm{I_2}$。

2. 酚酞试纸　酚酞是一种弱有机酸，在 pH < 8.2 的溶液里为无色的内酯式结构，当 pH > 9.8 时为红色的醌式结构，随着溶液中 $\mathrm{H^+}$ 浓度的减小，$\mathrm{OH^-}$ 浓度的增大，酚酞结构发生改变，并进一步解离成红色离子。这个转变过程是一个可逆过程，如果溶液中 $\mathrm{H^+}$ 浓度增加，上述平衡向逆反应方向移动，酚酞又变成了无色分子。因此，酚酞在酸性溶液里呈无色，当溶液中 $\mathrm{H^+}$ 浓度降低，$\mathrm{OH^-}$ 浓度升高时呈红色。由于酚酞的醌式结构不稳定，在浓碱中会转变为无色的羧酸盐三价离子结构，因此酚酞的变色范围是 pH 8.2(无色) ~9.8(红色)。

内酯式（无色）　　　　　　醌式酸盐（红色）

【仪器与试剂】

1. 仪器　烧杯(50、250ml)，量筒(10、100ml)，玻璃棒，表面皿，托盘天平，滤纸条，电炉，石棉网。

2. 试剂　KI(s)，$\mathrm{Na_2CO_3 \cdot 10H_2O}$ (s)，$\mathrm{HgCl_2}$(s)，$\mathrm{H_2O_2}$(30%)，乙醇(95%)，酚酞(s)，淀粉(s)。

【实验内容】

1. 淀粉碘化钾试纸的制作及验证

(1) 制作　称取 1g 可溶性淀粉置于小烧杯中，加水 10ml，用玻璃棒搅成糊状；在另一烧杯中加入 200ml 蒸馏水加热至沸腾，然后将糊状可溶性淀粉边搅拌边加入正在煮沸的水中，继续加热 2~3 分钟，溶液澄清，再加入 0.2g $\mathrm{HgCl_2}$(防霉，短期使用，也可不加)，混匀即得淀粉溶液。再向其中加入 0.4g

KI 及 $0.4gNa_2CO_3 \cdot 10H_2O$，搅拌、溶解，将事先裁好的滤纸条（尺寸为 $1cm \times 5cm$）浸入其中，浸透后取出晾干。

（2）验证 取一条制作好的试纸放在表面皿上，用沾有待测液（如双氧水）的玻璃棒点于试纸的中部，观察颜色的变化。

2. 酚酞试纸的制作及验证

（1）制作 将 1g 酚酞溶于 100ml 95% 的乙醇后，边摇动边加入 100ml 水制成溶液，将滤纸浸入其中，浸透后在洁净、干燥的空气中晾干。

（2）验证 取一小块制作好的试纸放在表面皿上，用沾有待测液（如氢氧化钠溶液）的玻璃棒点于试纸的中部，观察颜色的变化。

【注意事项】

（1）在淀粉碘化钾试纸的制作过程中，溶解淀粉时，须边搅拌边将淀粉糊状液加入到沸腾的水中。

（2）制作酚酞试纸时，须待酚酞全部溶于乙醇后，再加水稀释。

【预习要求及思考题】

1. 预习要求

（1）预习托盘天平、电炉的使用方法。

（2）查阅电极电势值，确定可以氧化 KI 的物质。

2. 思考题

（1）在制作淀粉碘化钾试纸时，为什么要加入碳酸钠？

（2）在制作酚酞试纸时，可否将酚酞溶于 95% 乙醇和水的混合溶液里？

实验二十二 利用鸡蛋壳制备葡萄糖酸钙

【实验目的】

(1) 掌握物质制备基本技术。

(2) 了解利用鸡蛋壳制备葡萄糖酸钙的方法。

(3) 练习和巩固高温加热、蒸发浓缩、结晶、减压过滤等基本操作。

【实验原理】

鸡蛋壳约占鸡蛋总重的 10%，其主要成分为 $CaCO_3$，含量约占 93%。此外还含有少量的有机物、P、Mg、Fe 及微量的 Si、Al、Ba 等元素。人们在利用蛋清蛋黄后，大量的蛋壳被废弃，造成了资源浪费。因此，对鸡蛋壳的综合开发利用正在引起人们的重视。蛋壳为生物组织，无毒，它是一种很好的天然钙源，是制备补钙剂的良好原材料。

本实验以鸡蛋壳为原料，采用酸碱中和法制备葡萄糖酸钙，产率高、口感佳、安全、无毒，其制品葡萄糖酸钙可作为钙强化剂用于食品和医药工业生产，其开发应用前景广阔。主要反应如下。

$$CaO + H_2O \rightleftharpoons Ca(OH)_2$$
$$Ca(OH)_2 + 2C_6H_{12}O_7 \rightleftharpoons Ca(C_6H_{11}O_7)_2 \cdot H_2O + H_2O$$

【仪器与试剂】

1. 仪器 电子天平，箱式电阻炉，高速万能粉碎机，电热恒温干燥箱，磁力加热搅拌器。

2. 试剂 HNO_3（AR），葡萄糖酸（50%），鸡蛋壳。

【实验内容】

(1)鸡蛋壳的预处理 将鸡蛋壳先用水洗去泥土及黏附的杂质，过滤后于35℃下干燥粉碎。用清水浸泡1小时，分别得到漂浮在水面上的蛋壳膜和沉积在水底的蛋壳粉，过滤后，将湿蛋壳粉和蛋壳膜在干燥箱中110℃烘干，得蛋壳膜(用作它用)和实验用蛋壳粉。

(2)煅烧分解 取一定量的蛋壳粉置于箱式电阻炉中在1000℃下煅烧1小时，得到白色富含氧化钙的灰分——煅烧钙。

(3)取3g煅烧钙(CaO)研细，加入一定量的蒸馏水或去离子水，生成氢氧化钙。

(4)磁力搅拌下，将氢氧化钙缓缓加入60ml浓度为0.75mol/L的葡萄糖酸溶液中，中和至pH 6~7为止，反应温度为60℃，反应时间1小时，然后过滤，去除未反应物。

(5)将过滤液即葡萄糖酸钙溶液浓缩、结晶、离心分离出母液，母液继续浓缩、结晶、分离出晶体，合并产品，将其于105℃的温度下干燥，研细过筛便得白色粉末状的葡萄糖酸钙产品。

【注意事项】

高温炉停止加热后不要急于打开箱门，以防高温灼伤。

【预习要求及思考题】

1. 预习要求 预习沉淀的分离与洗涤，蒸发、结晶和过滤基本操作。

2. 思考题

(1)如何计算葡萄糖酸钙的理论产率？

(2)箱式电阻炉使用时应注意哪些问题？

(3)查阅资料试寻找其他制备葡萄糖酸钙的方法。

实验二十三 葡萄糖酸锌的制备

【实验目的】

(1)学会葡萄糖酸锌的制备方法。

(2)练习和巩固水浴加热、蒸发浓缩、结晶、倾泻法过滤、抽滤等基本操作。

(3)能够用滴定法测定葡萄糖酸锌中锌的含量。

【实验原理】

葡萄糖酸锌临床上常用于缺锌性疾病的治疗，化学式为$Zn(C_6H_{11}O_7)_2$。葡萄糖酸锌常温下为白色结晶或颗粒性粉末，无臭，味微涩，在沸水中极易溶解，不溶于无水乙醇、三氯甲烷和乙醚等有机溶剂。本实验通过葡萄糖酸钙与硫酸锌反应制备葡萄糖酸锌。

$$Ca(C_6H_{11}O_7)_2 + ZnSO_4 \Longrightarrow Zn(C_6H_{11}O_7)_2 + CaSO_4 \downarrow$$

【仪器、试剂及其他】

1. 仪器 烧杯(100、250ml)，量筒(100ml)，蒸发皿，玻璃棒，酸式滴定管，抽滤装置，恒温水浴装置，天平等。

2. 试剂 葡萄糖酸钙(s)，$ZnSO_4 \cdot 7H_2O(s)$，乙醇(95%)，$NH_3 - NH_4Cl$缓冲溶液(0.1mol/L)，EDTA标准溶液(0.1mol/L)，铬黑T指示剂。

3. 其他 滤纸，坩埚钳。

【实验内容】

1. 葡萄糖酸锌的制备　将 13.4g $ZnSO_4 \cdot 7H_2O(s)$ 置于烧杯中，加入 80ml 蒸馏水，搅拌使其完全溶解。将烧杯放在 90℃ 的恒温水浴中，不断搅拌下，缓慢加入葡萄糖酸钙 20g，反应液在 90℃ 的恒温水浴中静置保温 20 分钟。趁热抽滤，滤液转移至蒸发皿（滤渣为 $CaSO_4$，弃去），在沸水浴中浓缩至黏稠状（体积约 20ml，如浓缩液中有沉淀系 $CaSO_4$，需要过滤掉）。滤液冷却至室温，加入 95% 乙醇 20ml（葡萄糖酸锌在乙醇溶液中溶解度降低），不断搅拌，此时有大量的胶状葡萄糖酸锌析出。充分搅拌后，静置，用倾泻法除去乙醇，再向烧杯中加入 95% 乙醇 20ml，充分搅拌至沉淀慢慢转变成晶体状，抽滤即得粗品（母液回收）。

粗品加水 20ml，水浴加热（90℃）至溶解，趁热抽滤，滤液冷至室温，加入 95% 乙醇 20ml，充分搅拌，结晶析出后，抽滤至干，即得精品，50℃ 烘干，计算产率。

2. 葡萄糖酸锌中锌含量的测定　准确称取所制备的葡萄糖酸锌 0.8g，溶于 20ml 水中（可微热）。加入 $NH_3 - NH_4Cl$ 缓冲溶液 10ml，加入 4 滴铬黑 T 指示剂，用 0.1mol/L EDTA 标准溶液滴定至溶液由红色刚好转变成蓝色。根据所用 EDTA 标准溶液的体积（ml），按下式计算样品中锌的含量。

$$x\% = \frac{cV \times 65}{W_s \times 1000} \times 100\%$$

式中，c 为 EDTA 标准溶液的浓度（mol/L）；V 为 EDTA 标准溶液的体积（ml）；W_s 为样品的重量（g）。

【注意事项】

(1) 制备葡萄糖酸锌需保持在 90℃ 的恒温水浴中，并不断搅拌。

(2) 如浓缩液中有沉淀 $CaSO_4$，需要过滤以免混有杂质。

(3) 抽滤要趁热。

【预习要求及思考题】

1. 预习要求

(1) 预习沉淀的分离、洗涤、蒸发、结晶和抽滤等基本操作。

(2) 预习滴定法测定葡萄糖酸锌含量。

2. 思考题

(1) 为什么葡萄糖酸钙与硫酸锌反应需保持在 90℃ 的恒温水浴中？

(2) 在沉淀与结晶葡萄糖酸锌时，均需加入 95% 的乙醇，其作用是什么？

(3) 如何测定葡萄糖酸锌中锌的含量？

附　录

附录一　常用试剂的配制

试剂名称	浓度	配制方法
醋酸钠（NaAc·3H_2O）	1mol/L	溶解 136g NaAc·3H_2O，加水稀释至 1L
醋酸铅［Pb(Ac)_2·3H_2O］	1mol/L	溶解 379g 固体于水中，加水稀释至 1L
碘化钾（KI）	1mol/L	溶解 166g，用水稀释至 1L
碘溶液	0.01mol/L	溶 1.3g 碘与 3g KI 于尽可能少量的水中，加水稀释至 1L
淀粉溶液	1%	将 1g 淀粉和少量冷水调成糊状，倒入 100ml 沸水中，煮沸后冷却即可
丁二酮肟	1%	溶解 1g 丁二酮肟于 100ml 95% 的乙醇中
高锰酸钾（KMnO_4）	0.03%	溶解 0.3g，加水稀释至 1L
高锰酸钾（KMnO_4）	0.1mol/L	溶解 16g，用水稀释至 1L
高锰酸钾（KMnO_4）	饱和	溶解 70g，用水稀释至 1L
铬酸钾（K_2CrO_4）	1mol/L	溶解 194g，用水稀释至 1L
过氧化氢（H_2O_2）	3%	将 100ml 30% 过氧化氢用水稀释到 1L
邻二氮菲	0.5%	0.5% 的水溶液
磷酸氢二钠（Na_2HPO_4·12H_2O）	0.1mol/L	溶解 35.82g Na_2HPO_4·12H_2O 于水中，加水稀释至 1L
硫代硫酸钠（Na_2S_2O_3·5H_2O）	0.1mol/L	溶解 24.82g Na_2S_2O_3·5H_2O 于水中，加水稀释至 1L
硫化钠（Na_2S）	1mol/L	溶解 240g Na_2S·9H_2O 和 40g NaOH 于水中，稀释至 1L
硫酸铵［(NH_4)_2SO_4］	1mol/L	溶解 132g，用水稀释至 1L
硫酸锌（ZnSO_4·7H_2O）	0.1mol/L	溶解 28.7g 固体于水中，加水至 1L
硫酸锌（ZnSO_4·7H_2O）	饱和	溶解约 900g ZnSO_4·7H_2O 于水中，加水稀释至 1L
硫酸亚铁（FeSO_4·7H_2O）	1mol/L	用适量稀硫酸溶解 278g FeSO_4·7H_2O，加水稀释至 1L
铝试剂	1mol/L	1g 铝试剂溶于 1L 水中
氯化铵（NH_4Cl）	1mol/L	溶解 53.5g，用水稀释至 1L
氯化钡（BaCl_2·2H_2O）	0.1mol/L	溶解 24.4g BaCl_2·2H_2O 于水中，加水稀释至 1L
氯化钡（BaCl_2·2H_2O）	25%	溶解 250g 于水中，稀释至 1L
氯化钾（KCl）	1mol/L	溶解 74.5g，用水稀释至 1L
氯化铁（FeCl_3·6H_2O）	1mol/L	溶解 270g FeCl_3·6H_2O 于适量浓盐酸中，加水稀释至 1L
氯化亚锡（SnCl_2·2H_2O）	0.1mol/L	溶解 22.5g SnCl_2·2H_2O 于 150ml 浓盐酸中，加水稀释至 1L，加入纯锡数粒，以防止氧化
氯水	饱和	通 Cl_2 于水中至饱和为止
镁试剂（对‒硝基苯偶氮‒间苯二酚）		溶解 0.01g 镁试剂于 1L 的 1mol/L NaOH 溶液中

续表

试剂名称	浓度	配制方法
奈斯勒试剂		称量115g HgI_2 和80g KI 溶解于500ml 水中，然后加入500ml 6mol/L 的 NaOH 溶液，混匀、静置，吸取上清液，贮于棕色瓶中
碳酸钠（Na_2CO_3）	1mol/L	溶解106.0g Na_2CO_3 于水中，加水稀释至1L
铁氰化钾［$K_3Fe(CN)_6$］	1mol/L	溶解329g，加水稀释至1L
硝酸铵（NH_4NO_3）	1mol/L	溶解80g NH_4NO_3，用水稀释至1L
硝酸银（$AgNO_3$）	0.1mol/L	用水溶解17.0g $AgNO_3$，加水稀释至1L
溴水	饱和	在水中滴入液溴至饱和为止
亚铁氰化钾［$K_4Fe(CN)_6 \cdot 3H_2O$］	1mol/L	溶解422.4g $K_4Fe(CN)_6 \cdot 3H_2O$，加水稀释至1L

附录二　常用酸碱溶液

试剂名称	物质的量的浓度（mol/L）	质量分数（%）	密度（20℃）（g/ml）
浓盐酸（HCl）	12	37.23	1.19
稀盐酸（HCl）	2	7	1.03
浓硝酸（HNO_3）	15	68	1.40
稀硝酸（HNO_3）	6	32	1.20
稀硝酸（HNO_3）	2	12	1.07
浓硫酸（H_2SO_4）	18	98	1.84
稀硫酸（H_2SO_4）	2	9	1.06
冰醋酸（HAc）	17	99	1.05
稀乙酸（HAc）	5	30	1.04
稀乙酸（HAc）	2	12	1.02
浓磷酸（H_3PO_4）	14.7	85	1.69
稀磷酸（H_3PO_4）	1	9	1.05
浓氢氟酸（HF）	23	40	1.13
氢溴酸（HBr）	7	40	1.38
氢碘酸（HI）	7.5	57	1.70
浓高氯酸（$HClO_4$）	11.6	70	1.67
稀高氯酸（$HClO_4$）	2	19	1.12
浓氨水（$NH_3 \cdot H_2O$）	14.8	25~27	0.90
氢氧化钾（KOH）	6	26	1.25
浓氢氧化钠（NaOH）	6	20	1.22
稀氢氧化钠（NaOH）	2	8	1.09

附录三　常用缓冲溶液

缓冲溶液组成	pH	配制方法
氨基乙酸 – HCl	2.30	取氨基乙酸 150g 溶于 500ml 水中，加浓 HCl 80ml，加水稀释至 1L
磷酸 – 柠檬酸盐	2.50	取 $Na_2HPO_4 \cdot 12H_2O$ 113g 溶于 200ml 水中，加柠檬酸 387g，溶解，过滤，加水稀释至 1L
一氯乙酸 – NaOH	2.80	取 500g 一氯乙酸溶于 200ml 水中，加 NaOH 40g 溶解后，加水稀释至 1L
甲酸 – NaOH	4.00	将 95g 甲酸和 NaOH 40g 溶于 500ml 水中，加水稀释至 1L
NaAc – HAc	4.50	取 $NaAc \cdot 3H_2O$ 64g 溶于适量水中，加 6mol/L HAc 136ml，加水稀释至 1L
NaAc – HAc	5.00	取 $NaAc \cdot 3H_2O$ 100g 溶于适量水中，加 6mol/L HAc 68ml，加水稀释至 1L
NaAc – HAc	5.70	取 $NaAc \cdot 3H_2O$ 200g 溶于适量水中，加 6mol/L HAc 26ml，加水稀释至 1L
NH_4Cl – NH_3	8.00	取 NH_4Cl 100g 溶于水中，加浓氨水 7.0ml，加水稀释至 1L
NH_4Cl – NH_3	8.50	取 NH_4Cl 140g 溶于水中，加浓氨水 8.8ml，加水稀释至 500ml
NH_4Cl – NH_3	9.00	取 NH_4Cl 70g 溶于水中，加浓氨水 48ml，加水稀释至 1L
NH_4Cl – NH_3	9.50	取 NH_4Cl 54g 溶于水中，加浓氨水 126ml，加水稀释至 1L
NH_4Cl – NH_3	10.00	取 NH_4Cl 54g 溶于水中，加浓氨水 350ml，加水稀释至 1L

附录四　常用指示剂

指示剂名称	变色 pH 范围	颜色变化		配制方法
		酸色	碱色	
百里酚蓝	1.2 ~ 2.8	红	黄	0.1g 百里酚蓝溶于 100ml 20% 乙醇
甲基黄	2.9 ~ 4.0	红	黄	0.1g 甲基黄溶于 100ml 90% 乙醇
甲基橙	3.1 ~ 4.4	红	黄	0.1g 甲基橙溶于 100ml 热水中
溴酚蓝	3.0 ~ 4.6	黄	紫蓝	0.1g 溴酚蓝溶于 100ml 20% 乙醇
刚果红	3.0 ~ 5.2	蓝紫	红	0.1g 刚果红溶于 100ml 水中
溴甲酚绿	3.8 ~ 5.4	黄	蓝	0.1g 溴甲酚绿溶于 100ml 20% 乙醇
甲基红	4.4 ~ 6.2	红	黄	0.1g 甲基红溶于 100ml 20% 乙醇
石蕊	4.5 ~ 8.3	红	蓝	0.2g 石蕊溶于 100ml 乙醇
溴百里酚蓝	6.0 ~ 7.6	黄	蓝	0.1g 溴百里酚蓝溶于 100ml 20% 乙醇
酚红	6.4 ~ 8.0	黄	红	0.1g 酚红溶于 100ml 20% 乙醇
中性红	6.8 ~ 8.0	红	黄	0.1g 中性红溶于 100ml 60% 乙醇
酚酞	8.0 ~ 10.0	无色	红	0.1g 酚酞溶于 100ml 乙醇
百里酚酞	9.4 ~ 10.6	无色	蓝	0.1g 百里酚酞溶于 100ml 90% 乙醇
茜素黄	10.1 ~ 12.1	黄	紫	0.1g 茜素黄溶于 100ml 水中
靛蓝胭脂红	11.6 ~ 14.0	蓝	黄	0.25g 靛蓝胭脂红溶于 100ml 50% 乙醇
1,3,5 – 三硝基苯	12.2 ~ 14.0	无色	蓝	0.18g 1,3,5 – 三硝基苯溶于 100ml 90% 乙醇

附录五　常见离子和化合物的颜色

一、常见离子的颜色

离子	颜色	离子	颜色	离子	颜色	离子	颜色
$[Ag(NH_3)_2]^+$	无色	$[Ag(S_2O_3)_2]^{3-}$	无色	Co^{2+}	桃红	$[Co(CN)_6]^{3-}$	紫色
$[Co(NH_3)_6]^{2+}$	橙黄	$[Co(NH_3)_6]^{3+}$	酒红	$[Co(NO_2)_6]^{3-}$	黄色	CrO_4^{2-}	桔黄
$Cr_2O_7^{2-}$	桔红	$[Cu(NH_3)_4]^{2+}$	深蓝色	$[Cu(OH)_4]^{2-}$	蓝色	$[CuCl_4]^{2-}$	黄色
$[Fe(CN)_6]^{3-}$	无色	$[Fe(CN)_6]^{4-}$	黄色	$[HgCl_4]^{2-}$	无色	$[HgI_4]^{2-}$	无色
$[Ni(CN)_4]^{2-}$	无色	$[Ni(NH_3)_6]^{2+}$	紫色	$[Zn(NH_3)_4]^{2+}$	无色	Al^{3+}	无色
Ca^{2+}	无色	Cr^{3+}	绿色	CrO_2^-	亮绿色	Cu^{2+}	蓝色
Fe^{2+}	绿色	Fe^{3+}	浅紫	K^+	无色	Mg^{2+}	无色
Mn^{2+}	浅粉色	MnO_4^-	紫色	MnO_4^{2-}	绿色	Na^+	无色
NH_4^+	无色	Ni^{2+}	绿色	SCN^-	无色	Br^-	无色

二、常见化合物的颜色

化合物	颜色	化合物	颜色	化合物	颜色	化合物	颜色
$(NH_4)_2HPO_4(s)$	白色	$(NH_4)_2S_2O_8(s)$	白色	$(NH_4)_2SO_4(s)$	无色	$(NH_4)H_2PO_4(s)$	白色
$Ag_2Cr_2O_7(s)$	深红色	$Ag_2CrO_4(s)$	砖红	$Ag_2O(s)$	棕黑	$Ag_2S(s)$	灰黑
$AgBr(s)$	淡黄	$AgCl(s)$	白色	$AgI(s)$	黄色	$AgNO_3(s)$	无色
$AgSCN(s)$	无色	$Al(OH)_3(s)$	白色	$As_2O_3(s)$	白色	$Ba(OH)_2(s)$	白色
$BaCl_2(s)$	白色	$BaCrO_4(s)$	黄色	$BaSO_4(s)$	白色	$Ca(ClO)_2(s)$	白色
$Ca(H_2PO_4)_2(s)$	无色	$Ca_3(PO_4)_2(s)$	白色	$CaCl_2(s)$	白色	$CaCO_3(s)$	白色
$CaCrO_4(s)$	黄色	$CaHPO_4(s)$	白色	$CaSO_4(s)$	白色	$CdCl_2(s)$	无或白色
$CdCl_2 \cdot 6H_2O(s)$	粉红	$CdS(s)$	淡黄	$CoCl_2(s)$	蓝色	$CoCl_2 \cdot 6H_2O(s)$	粉红色
$CuCl_2 \cdot 2H_2O(s)$	蓝色	$CuBr_2(s)$	黑紫色	$CoSO_4(s)$	红色	$Cr(OH)_3(s)$	灰绿
$Cr_2O_3(s)$	亮绿	$CrCl_3(s)$	暗绿	$Cu(OH)_2(s)$	蓝色	$Cu_2O(s)$	红棕
$Cu_2S(s)$	蓝~灰黑	$CuO(s)$	黑色	$CuS(s)$	黑色	$CuSO_4(s)$	灰白
$CuSO_4 \cdot 5H_2O(s)$	蓝色	$Fe(OH)_3(s)$	红~棕	$Fe_2O_3(s)$	红棕	$Fe_2S_3(s)$	黄绿
$FeCl_2(s)$	灰绿	$FeCl_3(s)$	暗红	$FeS(s)$	黑色	$FeSO_4 \cdot 7H_2O(s)$	蓝绿
$H_2O_2(l)$	无色	$Hg(NO_3)_2(s)$	无色	$Hg(NO_3)_2 \cdot H_2O(s)$	无或微黄	$Hg_2Cl_2(s)$	白色
$Hg_2I_2(s)$	亮黄	$HgCl_2(s)$	白色	$HgI_2(s)$	猩红	$HgNH_2Cl(s)$	白色
$HgO(s)$	亮红	$HgS(s)(\alpha 型)$	红色	$HgS(s)$	黑色	$K_2Cr_2O_7(s)$	橘红
$K_2CrO_4(s)$	柠檬黄	$K_2MnO_4(s)$	绿色	$K_2S_2O_3(s)$	无色	$K_2SO_3(s)$	白色
$K_2SO_4(s)$	无或白色	$K_3Fe(CN)_6(s)$	宝石红	$K_4Fe(CN)_6 \cdot 3H_2O(s)$	黄色	$KBr(s)$	白色
$KCl(s)$	无色或白色	$KCN(s)$	白色	$KI(s)$	白色	$KIO_3(s)$	白色
$KMnO_4(s)$	紫色	$KNO_2(s)$	白色,微黄色	$KNO_3(s)$	无色	$KOH(s)$	白色

续表

化合物	颜色	化合物	颜色	化合物	颜色	化合物	颜色
$KSCN(s)$	无色	$MgSO_4 \cdot 7H_2O(s)$	白色	$MnCl_2(s)$	淡红	$MnO_2(s)$	紫黑
$MnS(s)$	浅红	$MnSO_4(s)$	淡红	$Na_2B_4O_7(s)$	白色	$Na_2CO_3(s)$	白色
$Na_2CO_3 \cdot 10H_2O(s)$	无色	$Na_2Cr_2O_7(s)$	橙红	$Na_2CrO_4(s)$	黄色	$Na_2HPO_4(s)$	无色
$Na_2S(s)$	无色	$Na_2S_2O_3(s)$	白色	$Na_2SO_3(s)$	白色	$Na_2SO_4(s)$	无色
$Na_2SO_4 \cdot 10H_2O(s)$	无色	$Na_3PO_4(s)$	无色	$NaAc(s)$	白色	$NaCl(s)$	白色
$NaF(s)$	无色	$NaH_2PO_4(s)$	无色	$NaHCO_3(s)$	白色	$NaI(s)$	白色
$NH_4Br(s)$	白色	$NH_4Cl(s)$	白色	$NH_4F(s)$	白色	$NH_4NO_3(s)$	无或白色
$NH_4SCN(s)$	无色	$Ni(OH)_2(s)$	苹果绿	$NiCl_2(s)$	绿色	$NiS(s)$	黑色
$NiSO_4(s)$	翠绿	$Pb(Ac)_2(s)$	无或白色	$Pb(NO_3)_2(s)$	白或无色	$PbCl_2(s)$	白色
$PbCrO_4(s)$	橙黄	$PbO_2(s)$	深棕	$PbS(s)$	黑色	$PbSO_4(s)$	白色
$SnCl_2(s)$	白色	$SnCl_4(s)$	无色	$SnS(s)$	棕色	$ZnS(s)$	白或淡黄

附录六　常见阴、阳离子的鉴定

离子	试剂及鉴定方法	现象	条件
Br^-	取 2 滴试液，加入数滴 CCl_4，滴入氯水，振荡	有机层显红棕色或金黄色	
Cl^-	与银氨溶液和 HNO_3 反应	有白色沉淀析出	
CO_3^{2-}	使试液与 $Ba(OH)_2$ 作用	有白色浑浊出现	
I^-	取 2 滴试液，加入数滴 CCl_4，滴加氯水，振荡	有机层显紫色	
NO_2^-	取 1 滴试液加 6mol/L HAc 酸化，加 1 滴对氨基苯磺酸，1 滴 α-萘胺	溶液显红紫色	HAc 介质
NO_3^-	在小试管中滴加 10 滴饱和 $FeSO_4$ 溶液，5 滴试液，然后斜持试管，沿着管壁慢慢滴加浓 H_2SO_4	溶液分层，在两层接触界面有棕色环	硫酸介质
PO_4^{3-}	取 2 滴试液，加入 8~10 滴钼酸铵试剂，用玻璃棒摩擦器壁	有黄色沉淀生成	硝酸介质
S^{2-}	取 3 滴试液，加稀 H_2SO_4 酸化，用 $Pb(Ac)_2$ 试纸检验放出的气体	试纸变黑	酸性介质
$S_2O_3^{2-}$	取 2 滴试液，加 2 滴 2mol/L HCl 溶液，加热	有白色浑浊出现	酸性介质
SO_3^{2-}	取 1 滴 $ZnSO_4$ 饱和溶液，加 1 滴 $K_4[Fe(CN)_6]$ 于点滴板中，继续加入 1 滴 $Na_2[Fe(CN)_5NO]$，1 滴试液	先有白色沉淀生成后转化为红色沉淀	氨水介质
SO_4^{2-}	试液用 6mol/L HCl 酸化，加 2 滴 0.5mol/L $BaCl_2$ 溶液	有白色沉淀析出	酸性介质
Ag^+	取 2 滴试液，加 2 滴 2mol/L HCl，搅动，水浴加热，离心分离，沉淀加氨水，再加 6mol/L HNO_3 酸化	有白色沉淀生成，后溶解，加酸后又有白色沉淀生成	酸性介质
Al^{3+}	取 1 滴试液，加 2~3 滴水，加 2 滴 3mol/L NH_4Ac，2 滴铝试剂，搅拌，微热片刻，加 6mol/L 氨水至碱性	有红色沉淀生成且不消失	HAc - NH_4 Ac 介质
Ba^{2+}	取 2 滴试液，加 1 滴 0.1mol/L K_2CrO_4 溶液	有黄色沉淀生成	HAc - NH_4Ac 介质
Ca^{2+}	取 2 滴试液，滴加饱和 $(NH_4)_2C_2O_4$ 溶液	有白色沉淀生成	氨水介质

续表

离子	试剂及鉴定方法	现象	条件
Co^{2+}	取 2 滴试液，加饱和 NH_4SCN 溶液，加 5~6 滴戊醇溶液，振荡，静置	有机层呈蓝绿色	中性介质
Cr^{3+}	取 3 滴试液，加 6mol/L NaOH 溶液至澄清，搅动后加 4 滴 3% 的 H_2O_2，水浴加热，冷却，加 6mol/L HAc 酸化，加 2 滴 0.1mol/L $Pb(NO_3)_2$ 溶液	溶液颜色由绿变黄，后有黄色沉淀生成	强碱性介质
Cu^{2+}	取 1 滴试液，加 1 滴 6mol/L HAc 酸化，加 1 滴 $K_4[Fe(CN)_6]$ 溶液	有红棕色沉淀生成	中性或弱酸性介质
Fe^{2+}	取 1 滴试液滴在点滴板上，加 1 滴 $K_3[Fe(CN)_6]$ 溶液	有蓝色沉淀生成	酸性介质
Fe^{3+}	取 1 滴试液滴在点滴板上，加 1 滴 $K_4[Fe(CN)_6]$ 溶液	有蓝色沉淀生成	酸性介质
Hg^{2+}	取 1 滴试液，加 1mol/L KI 溶液，使生成沉淀后又溶解，加 2 滴 $KI-Na_2SO_3$ 溶液，2~3 滴 Cu^{2+} 溶液	有橘黄色沉淀生成	
K^+	取 2 滴试液，加 3 滴六硝基合钴酸钠 $Na_3[Co(NO_2)_6]$ 溶液，放置片刻	有黄色的沉淀析出	中性或微酸性介质
Mg^{2+}	取 2 滴试液，加 2 滴 2mol/L NaOH 溶液，1 滴镁试剂	有天蓝色沉淀生成	碱性介质
Mn^{2+}	取 1 滴试液，加 10 滴水，5 滴 2mol/L HNO_3 溶液，然后加固体 $NaBiO_3$，搅拌，水浴加热	溶液呈紫色	酸性介质
Na^+	取 2 滴 Na^+ 试液，加 8 滴醋酸铀酰锌试剂，放置数分钟，用玻璃棒摩擦器壁	有淡黄色的晶状沉淀出现	中性或 HAc 酸性介质
NH_4^+	取 1 滴试液，放在点滴板的圆孔中，加 2 滴奈氏试剂	有红棕色沉淀生成	碱性介质
Ni^{2+}	取 1 滴试液滴在点滴板上，加 1 滴 6mol/L 氨水，加 1 滴丁二酮肟	在凹槽四周有红色沉淀生成	氨性介质
Pb^{2+}	取 2 滴试液，加 2 滴 0.1mol/L K_2CrO_4 溶液	有黄色沉淀生成	HAc 介质
Sn^{2+}	取 2 滴试液，加 1 滴 0.1mol/L $HgCl_2$ 溶液	有白色沉淀生成	酸性介质
Zn^{2+}	取 2 滴试液，用 2mol/L HAc 酸化，加等体积 $(NH_4)_2Hg(SCN)_4$ 溶液，摩擦器壁	有白色沉淀生成	中性或微酸性介质